AUTORIN: DR. NATALIE DILLITZER | FOTOGRAFIN: JANA WEICHELT

BARF FÜR KATZEN

INHALT

4 B.A.R.F. – WAS IST DAS?

16 WAS DARF IN DEN NAPF?

30 JETZT KOMMT DIE PRAXIS

EXTRAS

DIE GU-QUALITÄTS-GARANTIE

Wir möchten Ihnen mit den Informationen und Anregungen in diesem Buch das Leben erleichtern und Sie inspirieren, Neues auszuprobieren. Bei jedem unserer Produkte achten wir auf Aktualität und stellen höchste Ansprüche an Inhalt, Optik und Ausstattung. Alle Informationen werden von unseren Autoren und unserer Fachredaktion sorgfältig ausgewählt und mehrfach geprüft. Deshalb bieten wir Ihnen eine 100 %ige Qualitätsgarantie.

Darauf können Sie sich verlassen:
Wir legen Wert auf artgerechte Tierhaltung und stellen das Wohl des Tieres an erste Stelle. Wir garantieren, dass:

- alle Anleitungen und Tipps von Experten in der Praxis geprüft und
- durch klar verständliche Texte und Illustrationen einfach umsetzbar sind.

Wir möchten für Sie immer besser werden:
Sollten wir mit diesem Buch Ihre Erwartungen nicht erfüllen, lassen Sie es uns bitte wissen! Wir tauschen Ihr Buch jederzeit gegen ein gleichwertiges zum gleichen oder ähnlichen Thema um. Nehmen Sie einfach Kontakt zu unserem Leserservice auf. Die Kontaktdaten unseres Leserservice finden Sie am Ende dieses Buches.

GRÄFE UND UNZER VERLAG
Der erste Ratgeberverlag – seit 1722.

B.A.R.F. – WAS IST DAS?

Mit dieser speziellen Fütterungsform auf der Basis von rohem Fleisch soll Ihre Katze möglichst naturnah und artgerecht ernährt werden. Damit dies gelingt, müssen Sie einige grundlegende Dinge beachten.

Zurück zur Natur

Ursprünglich galten sie als nützliche Mäusejäger, doch schon längst haben Katzen die Herzen ihrer Besitzer im Sturm erobert. Dementsprechend groß ist der Wunsch vieler Halter, ihnen auch mithilfe einer artgerechten Ernährung die Basis für ein möglichst langes und gesundes Katzenleben zu schaffen. Doch welche Art der Fütterung wird diesen Ansprüchen und, viel wichtiger, denen unserer Stubentiger auch wirklich gerecht?

Rohfütterung

Eine mögliche Alternative ist B.A.R.F. Im Deutschen häufig interpretiert als »Biologisch Artgerechtes Rohes Futter«, leitet sich diese Abkürzung von »Bone and Raw Food« (engl.) ab, was übersetzt zunächst nicht mehr als Knochen- und Rohfütterung bedeutet. Schon vor 60 Jahren gaben Bauern, Metzger und Jäger ihren Katzen an Schlachttagen rohes Futter, doch wäre es ein schwerwiegender Irrtum anzunehmen, dass Katzen allein durch Fleisch bedarfsdeckend gefüttert werden können. Die Idee der Rohfleischfütterung basiert vielmehr auf dem Fressverhalten der Wildkatzen, deren Mahlzeit immer aus dem gesamten Beutetier samt Fell bzw. Federn, Blut und Innereien besteht. Entwickelt wurde sie vor 20 Jahren als Alternative zu Fertigfutter von Dr. Ian Billinghurst, einem australischen Tierarzt. Futtermittel- und Lebensmittelskandale in der Vergangenheit, die mangelnde Transparenz hinsichtlich der Zusammensetzung von Fertigprodukten, aber auch die moderne Vermarktung über das Internet verhalfen dieser Fütterungsform rasch zum Durchbruch.

Wesentliche Hintergründe zu dieser »natürlichen« Art der Katzenernährung, deren Vor- und Nachteile finden Sie auf den folgenden Seiten beschrieben.

Vom Beutegreifer zum Stubentiger

Unsere Hauskatze stammt von der afrikanischen Wildkatze ab, die noch immer in Nordafrika wie auch in Regionen von Israel, der Türkei und dem Iran lebt. Dort trifft man die wilden Vorfahren vornehmlich in Wüstenrandgebieten und Savannen an. Aufgrund der Temperaturen und zum Schutz vor ihren natürlichen Feinden wie Greifvögeln und Hyänen zieht sich die Wildkatze tagsüber in verlassene Erdbauten anderer Tiere zurück. Erst mit der Dämmerung wird die Jagd eröffnet.

Die wendige Jägerin

Katzen sind von Natur aus Ansitzjäger, demzufolge lauern sie in freier Wildbahn ihrer Beute auf. Während ihre großen Artgenossen im Rudel jagen und sich als solches auch an Büffel und Zebras anpirschen, sind Kleinkatzen eher Einzelgänger und bevorzugen kleine Beutetiere. Ihr Jagdgebiet kann je nach Nahrungsangebot bis zu vier Quadratkilometer umfassen. Ein ausgesprochen feines Gehör und die Fähigkeit, Vibrationen von sich bewegenden Tieren über sogenannte Tasthaare an den Pfoten wahrzunehmen, helfen Katzen beim Aufspüren der Beute, denn sie besitzen im Vergleich zum Hund einen reduzierten Geruchssinn. Unterstützt wird das geräuschlose Jagen zudem durch ihre spezialisierten Augen, die das in der Dämmerung und bei Nacht nur spärlich vorhandene Licht optimal ausnutzen können.

Die Afrikanische Wildkatze als Stammform unserer Hauskatzen lebt noch immer in freier Wildbahn.

Mit Haut und Haar

Bevorzugt macht die Wildkatze Jagd auf Mäuse, Ratten und kleinere Vögel, aber auch Eidechsen, Lurche oder gar Käfer und Spinnen bereichern ab und an den Speiseplan. Das Beutetier wird von ihr meist komplett verspeist, oftmals bleibt nur die Galle zurück. So liefern neben dem Fleisch auch Fell oder Federn, Knochen, Blut und Innereien wichtige Nährstoffe, auf die der Beutegreifer zwingend angewiesen ist. Diese Tatsache gilt es natürlich beim Barfen zu berücksichtigen! Sofern Sie Ihrem Vierbeiner nicht ganze Tiere, sondern nur Rohfleisch zum Verzehr anbieten, müssen Sie fehlende Inhaltsstoffe ergänzen, um Mangelerscheinungen vorzubeugen. Die Katze als reinen Fleischfresser zu bezeichnen, mag von daher manchem Tierbesitzer irreführend erscheinen, zutreffend ist aber, dass diese vorrangig auf die Verwertung von Nährstoffen tierischer Herkunft spezialisiert ist.

Die Verdauung der Katze

Katzen haben sich den kargen Bedingungen ihres natürlichen Lebensraumes optimal angepasst: Ihren Bedarf an Nährstoffen und Flüssigkeit können sie großteils über die erlegten Tiere decken.

› Das Gebiss der Katze ist zum Reißen der Beute und für eine grobe Zerkleinerung geeignet, der kurze Ober- und Unterkiefer wirkt jeweils unterstützend. Breitflächige Backenzähne zum Zermahlen von pflanzlichem Material kommen kaum vor.

› Entsprechend der Zusammensetzung ihrer Beute (→ Information rechts) nutzen Katzen vor allem Eiweiße und Fette als Energielieferanten.

› Die Eiweißverdauung beginnt im Magen unter Einwirkung der Magensäure und des Enzyms Pepsin. Im Dünndarm werden die Eiweiße durch weitere Enzyme des Darms und der Bauchspeicheldrüse zunächst in kleine Bausteine, die sogenannten Aminosäuren, zerlegt und dann aufgenommen.

› Die Spaltung und Resorption von Fetten findet dagegen grundsätzlich erst im Dünndarm statt. Hierbei sind vor allem Gallensäuren und das Bauchspeicheldrüsenenzym Lipase beteiligt.

› Der Stoffwechsel unserer Katzen ist an die Verdauung großer Eiweißmengen angepasst. Bei unzureichender Zufuhr werden körpereigene Reserven abgebaut, vornehmlich Muskulatur.

› Katzen sind auf Kohlenhydrate nicht angewiesen. In aufgeschlossener Form kann ihr Verdauungssystem diese jedoch anteilig in der Nahrung verarbeiten und daraus Energie ziehen. Stärke aus Kohlenhydraten wird im Dünndarm durch das Enzym Amylase gespalten und aufgenommen.

› Wildkatzen decken ihren Wasserbedarf nahezu gänzlich über das Beutetier, Tränkeplätze sind rar und liegen entfernt. Darum auch bei Hauskatzen den Wasser- nicht neben den Futternapf stellen.

Von der Natur optimal ausgestattet: Ihr elastischer Körperbau sowie hoch entwickelte Sinnesleistungen machen die Katze zur perfekten Jägerin.

Das steckt in der **Maus**

POWER-FOOD Mäuse gehören zur Lieblingsspeise der Wildkatze und versorgen ihren Jäger mit allen lebensnotwendigen Nährstoffen.

WASSER Besonders auffallend ist der sehr hohe Wassergehalt, der in etwa 60 % beträgt.

EIWEISSE Mit 18 – 20 % stellen sie den zweitgrößten Nährstoffanteil in der Beute dar.

FETTE Als wichtige Energielieferanten sind sie zu 9 – 12 % in der natürlichen Nahrung enthalten.

MINERALSTOFFE/SPURENELEMENTE Ihr Anteil an der Maus macht etwa 3 – 4 % aus.

KOHLENHYDRATE/ROHFASER Sie kommen zu 3 – 4 % im Magen-Darm-Inhalt der Beutetiere vor.

Für und Wider

Richtig praktiziert kann die Rohfütterung für Ihre Katze eine leckere, abwechslungsreiche und wertvolle Art der Ernährung sein. Doch wie überall gibt es auch hierbei Vorteile und Nachteile.

Fit mit Rohkost

Mit B.A.R.F. im Napf soll die Nährstoffzusammensetzung des Beutetieres möglichst naturnah nachempfunden werden. Gelingt dies, erhält Ihr Stubentiger eine artgerechte, bedarfsdeckende und ausgewogene Nahrung, die speziell auf seinen Stoffwechsel abgestimmt ist und von daher gut verwertet werden kann. Außerdem sind die Geruchs- wie auch die Geschmacksintensität bei Rohfütterung deutlich höher als bei aufbereiteter Nahrung, was viele Katzen durchaus zu schätzen

So schmeckt es der Katze: Mit B.A.R.F. können Sie Ihrem Stubentiger eine abwechslungsreiche und ausgewogene Ernährung bieten.

wissen. Der Kotabsatz bei gebarften Tieren ist hingegen nicht grundsätzlich weniger und schon gar nicht geruchlos, vielmehr ist er auch bei Rohkost von der Verdaulichkeit des Futters abhängig: Gut verwertbares Muskelfleisch erzeugt geringere Mengen und »Düfte« als die Verfütterung von Knochen oder ganzen Tieren. Gerade Letzteres hat jedoch den Vorteil, dass hierbei das Kaubedürfnis unserer Katzen stärker befriedigt werden kann. Im Gegensatz zu Dosenfutter können Mäuse und Eintagsküken nämlich nicht einfach verschlungen werden. Beobachten Sie selbst, inwieweit Ihre Katze hierdurch ausgeglichener wirkt! Zudem entsteht durch das Reißen und Kauen des Futters möglicherweise ein gewisser Vorteil hinsichtlich der Zahnpflege. Ob gebarfte Katzen tatsächlich weniger häufig erkranken als solche mit gleichfalls ausgewogenen Rationen anderer Fütterungsvarianten, kann bis zum Vorliegen gesicherter Erkenntnisse nicht beantwortet werden. Fakt ist jedoch, dass im Krankheitsfalle die Zusammenstellung von B.A.R.F. individuell an die Bedürfnisse und Vorlieben Ihres Vierbeiners angepasst werden kann. Gerade bei den immer häufiger auftretenden Futtermittelallergien ist dies von Vorteil, da Sie hier als Tierbesitzer nur ausgewählte Futterquellen anbieten dürfen.

Die Risiken

B.A.R.F. als Begriff ist inzwischen zwar vielen bekannt, die Umsetzung erfolgt aber sehr oft nach Gefühl. Hierbei passieren jedoch häufig Fehler. In 70 % der üblichen B.A.R.F.-Rationen können Fehlversorgungen festgestellt werden, schwerwiegende Mängel sind vor allem im Bereich der Spurenelemente wie Jod, Kupfer und Zink festzustellen. Nur wenn das Futter alle benötigten Nährstoffe einschließlich von Mineralien, Spurenelementen und Vitaminen enthält, können Sie Ihre Katze ausgewogen und gesund ernähren und Mangelerscheinungen vorbeugen. Zudem sind selbst bei sachgerechter Zusammenstellung der Ration Probleme möglich. Knochenfütterung birgt die Gefahr schwerwiegender Verdauungsprobleme wie Durchfall oder Verstopfungen. Sogar Zahnabbrüche und Verletzungen der Magen-Darm-Schleimhäute können die Folge sein. Schließlich ist auch die Infektionsgefahr nicht zu verharmlosen, denken Sie z. B. nur an rohes Hühnerfleisch und Salmonellen!

Aufwand und Nutzen

Information und Sachkenntnis sind also gefragt, doch nicht immer leicht zu beschaffen, zumal viele Angaben in Internet und Fachliteratur unzureichend oder sogar widersprüchlich sind. Noch bevor Sie mit dem Barfen richtig loslegen können, müssen geeignete Bezugsquellen für Fleisch und Nahrungsergänzungen gefunden werden. Und schaffen Sie ausreichend Platz, um diese in Gefrierschrank, Speisekammer oder Küche gesondert lagern und zubereiten zu können. Was zu Beginn arbeits- und zeitaufwendig erscheint, wird schon bald zur Routine, zudem lassen sich die einzelnen Bestandteile der B.A.R.F.-Ration gut bevorraten und einfrieren. Im Gegenzug haben Sie als Tierbesitzer Gewissheit über Art, Qualität und Herkunft der verwendeten Zutaten und können die Zusammensetzung der Mahlzeit je nach Geschmack und Vorlieben Ihrer Katze variieren. Was aber, wenn der geliebte Vierbeiner Ihre Mühen nicht zu schätzen weiß? Nicht immer gelingt die Futterumstellung. Katzen sind eigenwillig – dies sollten wir respektieren!

So wird der **Einstieg** leichter!

TIPPS VON DER FUTTER-EXPERTIN
Natalie Dillitzer

Lassen Sie sich nicht verunsichern! Mit etwas Erfahrung und Routine wird Ihnen die Zubereitung von B.A.R.F. bald nicht mehr schwerfallen!

INFORMATION Achten Sie auf fundierte Fachliteratur und geeignete Rezepturen! Nicht alle Vorschläge gewährleisten eine bedarfsgerechte Versorgung, dies gilt vor allem im Hinblick auf wichtige Spurenelemente.

BEZUGSQUELLEN Nicht immer ist der Gang zu einem Schlachthof oder Metzger nötig. Fix und fertig portioniertes Tiefkühlfleisch kann inzwischen auch über gut sortierte Zoofachgeschäfte und das Internet bezogen werden.

AUFBEWAHRUNG Sie können die einzelnen Bestandteile der Ration in größeren Mengen vorbereiten und portionsweise einfrieren. So sparen Sie sich Arbeit und müssen seltener einkaufen.

BERATUNG Wollen Sie Fütterungsfehler von Anfang an vermeiden, können Sie sich auch an einen Fachtierarzt für Tierernährung und Diätetik wenden. Er hilft Ihnen dabei, die Rohkost exakt auf die Bedürfnisse Ihrer Katze abzustimmen.

Der Verdauungstrakt der Katze

Schlund

Futter und Flüssigkeiten gelangen über die Zunge zum Eingang der Speiseröhre, die beides in den Magen weiterbefördert. Auch ein umgekehrter Transport ist möglich, wenn Unverdautes wie beispielsweise Haare wieder erbrochen werden muss.

Maulhöhle

Die Katze verfügt über ein Scherengebiss mit 30 messerscharfen Zähnen, um ihre Beute zu fangen, in Stücke zu zerteilen und samt Knochen zu zerkleinern. Rachenwärts gerichtete Hornspitzen auf der rauen Zunge unterstützen die Nahrungsaufnahme. Beim Kauen wird das Futter mit Speichel durchmischt und in gleitfähige Bissen verwandelt.

Magen

Durch den Magensaft, bestehend aus Salzsäure und Spaltstoffen, können komplexe Eiweiße und Knochen anverdaut werden. Zudem schafft er ein widriges Milieu für Bakterien und Parasiten. Sich selbst schützt der Magen durch eine Schleimschicht.

Dünndarm

Die Nahrung der Katze ist fett- und eiweißreich, zudem leicht verdaulich. Zu deren Verwertung braucht Ihr Stubentiger kaum länger als zwölf Stunden, auch genügt ihm hierzu ein relativ kurzer Darm von etwa der vierfachen Körperlänge. Durch Verdauungsenzyme aus Darmschleimhaut und Bauchspeicheldrüse werden Eiweiße, Fette und Kohlenhydrate in ihre Bestandteile zerlegt, über die stark vergrößerte Schleimhautoberfläche aufgenommen und an das Blut abgegeben.

Dickdarm

Hier wird dem Darminhalt v. a. Wasser entzogen, durch Schleim aus Dickdarmzellen bleibt er dennoch gleitfähig und kann abgesetzt werden. Bisher unverdauliche Stoffe verwertet die physiologische Darmflora.

Was Katzen zur Ernährung brauchen

Ob in der Wildnis beim Jagen oder im Wohnzimmer beim Spielen – um in Topform zu sein, braucht der Körper der Katze für alle Stoffwechselvorgänge Energie. Diese gewinnt er aus den im Futter enthaltenen Nährstoffen. Art und Zusammensetzung der Ration bestimmen damit, wie viel Energie unseren Katzen über die jeweilige Nahrung bereitgestellt wird. Eine normalgewichtige, 4 kg schwere Katze braucht etwa 253 cal täglich. Ihr genauer Energie- und Nährstoffbedarf ist jedoch individuell und hängt von mehreren Faktoren ab (→ Seite 31 – 34).

Energieträger

Als Energielieferanten für die Katze dienen vor allem Eiweiße und Fette, je nach Fütterungsart kommen auch Kohlenhydrate hinzu.

An einem Hühnerschlegel ist viel dran: Neben Fleisch und Fett bietet er wertvolles Kalzium aus den Knochen. Doch Vorsicht wegen Salmonellen!

Eiweiße oder Proteine haben für die Ernährung der Katze eine besonders große Bedeutung. Sie bestehen aus einzelnen Bausteinen, den sogenannten Aminosäuren, die kettenförmig aneinandergereiht sind. Auf diese Weise lassen sich aus insgesamt zwanzig verschiedenen Aminosäuren Tausende unterschiedlicher Eiweiße bilden, die zum Aufbau wichtiger Körperstrukturen benötigt werden (z. B. Muskulatur, Haut, Fell, Blutkörperchen, Organe, aber auch Enzymsysteme). Im Gegensatz zu anderen Tierarten können Katzen aus ihnen aber auch in erheblichem Umfang Glukose als Energieträger gewinnen. Damit hat sich ihr Stoffwechsel optimal an die Verdauung großer Proteinmengen angepasst, die sie als Fleischfresser über die Nahrung aufnehmen. Eine rein vegetarische Ernährung dieses Beutegreifers ist deshalb abzulehnen, da bei unzureichender Zufuhr von Proteinen und Aminosäuren der Abbau körpereigener Reserven die Folge wäre. Zudem enthalten Fleisch und Innereien sogenannte essenzielle Aminosäuren, welche die Katze selbst nicht bilden kann, aber unbedingt zum Überleben braucht. Hierzu zählen in erster Linie Arginin und Taurin. Ersteres ist wichtig für den Leberstoffwechsel und zur Entgiftung des Körpers. Fehlt Taurin, kommt es bei jungen Katzen zu Entwicklungsanomalien, bei älteren zu Fortpflanzungsstörungen, einer Netzhautablösung am Auge oder einer Herzerkrankung.

Fette sind nicht nur wichtige Energielieferanten, sondern enthalten auch ungesättigte Fettsäuren, welche von der Katze nicht selbst gebildet werden können. Besonders pflanzliche Öle und Fette von Fischen haben einen hohen Gehalt an mehrfach ungesättigten Fettsäuren und sollten in keiner Mahlzeit fehlen. Fette sind zudem notwendig, damit die fettlöslichen Vitamine A, D, E und K im Darm aufgenommen werden können.

Kohlenhydrate kommen in der natürlichen Beute nur zu einem geringen Anteil vor. Deshalb ist die Kapazität entsprechender Verdauungsenzyme bei der Katze begrenzt. Dennoch kann die Energie aus Kohlenhydratquellen wie Kartoffeln oder Reis bis zu einem gewissen Anteil genutzt werden, sofern diese gekocht oder als Flocken vorliegen. Die Stärke als Speicherform der Kohlenhydrate ist dann bereits aufgeschlossen. Als alternative Energieträger (→ Seite 27) finden sie aber nur bei älteren Tieren oder bestimmten Erkrankungen Verwendung.

Ballaststoffe Zellulose als Gerüstsubstanz der Pflanzenzelle übernimmt hingegen eine wichtige Funktion als sogenannter Ballaststoff. Für die Katze unverdaulich liefert sie zwar keine Energie, reguliert aber die Darmtätigkeit und sorgt dort für die Ausbildung einer gesunden Bakterienflora.

Mineralstoffe

Als anorganische Stoffe können sie nicht vom Organismus hergestellt, sondern müssen über die Nahrung zugeführt werden. Im Körper erfüllen sie vielfältige, lebensnotwendige Funktionen. Mineralstoffe, die im Körper in hohen Konzentrationen vorliegen, bezeichnet man als Mengenelemente:

Kalzium und Phosphor bilden die Gerüstsubstanz von Knochen und Zähnen. In Abhängigkeit vom Kalziumspiegel im Blut können sie dort entweder vermehrt eingelagert oder mobilisiert werden. Die Regulation erfolgt hormonell. Kalzium ist unter anderem auch an der Erregbarkeit von Muskeln und Nerven sowie bei der Blutgerinnung beteiligt, wohingegen Phosphor eine besonders wichtige

Nährstoffbedarf einer Katze mit 4 kg

Für eine bedarfsgerechte Versorgung Ihrer Katze ist bei Rohfleischfütterung eine Nahrungsergänzung erforderlich (→ Seite 20). Bei Verwendung eines Mineralfutters sind dessen Nährstoffgehalte auf der Verpackung vermerkt. Rechnen Sie diese auf die empfohlene tägliche Menge des Ergänzungsmittels herunter und vergleichen Sie das Ergebnis mit den folgenden Bedarfswerten.

NÄHRSTOFF	TAGESBEDARF	
ROHPROTEIN	Gesamteiweißmenge	13 g
MINERALIEN	Kalzium	180 mg
	Phosphor	160 mg
	Magnesium	24 mg
	Natrium	42 mg
	Kalium	330 mg
SPUREN-ELEMENTE	Eisen	5,0 mg
	Kupfer	0,3 mg
	Zink	5,0 mg
	Mangan	0,3 mg
	Jod	90 µg
VITAMINE	Vitamin A	210 IE
	Vitamin D	20 IE
	Vitamin E	2,5 mg
	Biotin	5 µg

Funktion im Energiestoffwechsel der Zelle einnimmt. Für den gesamten Stoffwechsel ist ein ausgewogenes Verhältnis von Kalzium und Phosphor in der Gesamtration notwendig, das 1,3:1 betragen sollte. Bei reiner Fleischfütterung verschiebt sich dieses Verhältnis zuungunsten des Kalziums, das dann entsprechend beigegeben werden muss.

Milchprodukte wie Joghurt oder Quark liefern wertvolle tierische Eiweiße. Für viele Katzen sind sie ein wahrer Leckerbissen!

Magnesium als Bestandteil zahlreicher Enzyme ist beteiligt an vielen Stoffwechselvorgängen und wirkt stabilisierend auf Muskel- und Nervenzellen.

Kalium und Natrium sind entscheidend für die Reizleitung und -übertragung zwischen Nerven- und Muskelzellen, zudem beeinflussen sie den Flüssigkeitshaushalt des Körpers.
Spurenelemente treten im Körper nur in geringen Mengen auf, finden sich aber in vielen Enzymsystemen und übernehmen dort wichtige Aufgaben.
Eisen als Bestandteil des roten Blutfarbstoffs Hämoglobin hilft, Sauerstoff zu transportieren.
Kupfer unterstützt die Bildung von Bindegewebe und Blutzellen und ist verantwortlich für die Pigmentierung von Haut und Fell.
Zink ist essenziell für das Immunsystem, zudem für Aufbau und Funktion von Haut und Schleimhaut.
Jod schließlich wird für die Synthese der Schilddrüsenhormone zwingend benötigt.

Vitamine

Auch sie müssen in der Futterration enthalten sein, da sie, mit Ausnahme von Vitamin C, nicht oder nicht ausreichend vom Körper gebildet werden können. Man unterscheidet die speicherbaren, fettlöslichen Vitamine A, D, E und K von den nicht speicherbaren, wasserlöslichen B-Vitaminen.
Vitamin A ist unter anderem wichtig für die Regeneration von Haut und Schleimhaut sowie für die Sehkraft. Katzen sind auf tierische Quellen wie Leber, Lebertran und Eigelb angewiesen, das pflanzliche ß-Carotin können sie nicht umsetzen.
Vitamin D reguliert den Kalziumstoffwechsel.
Vitamin E wirkt als natürliches Antioxidans und unterstützt das Immunsystem.
B-Vitamine sorgen für glänzendes Fell und intakte Haut, zudem für ein gesundes Nervensystem.
Sie sind wichtig für die Bildung vieler Enzyme.
Vitamin C wird ausreichend in der Leber der Katze gebildet und muss daher nicht zugeführt werden.

Zusammensetzung der Ration

Hier nun eine kurze Übersicht, welche Futtermittel in welchem Mengenverhältnis eine bedarfsgerechte B.A.R.F.-Ration ergeben. Eine ausführliche Darstellung folgt in den nächsten Kapiteln.

› Die Ration der gesunden Katze kann zu 80 – 90 % aus verschiedenen Fleischsorten mit etwas Innereien bestehen. Diese können im hygienisch einwandfreien Zustand roh verfüttert werden. Achten Sie aber darauf, alles möglichst frisch zu verarbeiten!

› Statt Fleisch können Sie Ihrem Vierbeiner auch unterschiedliche Fischsorten anbieten, in rohem Zustand aber nur einmal pro Woche (→ Seite 19).

› Sofern Ihre Katze Milchprodukte und gekochtes (!) Ei mag und verträgt, kann ein Teil der Fleischration auch dadurch ersetzt werden (→ Seite 22 – 23).

› Unter bestimmten Voraussetzungen ist es durchaus sinnvoll, einen bestimmten Anteil an Energie über Kohlenhydrate zur Verfügung zu stellen. Diese müssen jedoch grundsätzlich weich gekocht werden, damit die Stärke von der Katze verdaut werden kann (→ Seite 26 – 27). Der Hauptanteil der Fleischration wird dennoch roh verfüttert!

› Ballaststoffe in Form von Gemüse oder Weizenkleie sorgen für eine bessere Verdauung und sollten etwa 4 % der Ration ausmachen (→ Seite 26).

› Essenzielle Fettsäuren können durch die Wahl geeigneter Öle zugesetzt werden (→ Seite 24 – 25). Ein halber bis ein Teelöffel ist voll ausreichend.

› Mineralstoffe und Vitamine lassen sich oftmals nur durch Gabe von Ergänzungsfuttermitteln in ausreichender Menge zusetzen (→ Seite 28 – 29).

Inhaltsstoffe verschiedener **Nahrungsmittel**

NÄHRSTOFF	HERKUNFT
EIWEISSE	Hochwertige Eiweiße: Muskelfleisch, Fisch, Innereien, Milchprodukte, gekochte Eier. Minderwertige Eiweiße: Knorpel, Sehnen, Bänder.
FETTE	Tierischer Herkunft: Fleisch mit hohem Fettgehalt, Gänseschmalz, Butter, Talg, Fischöl, Lebertran. Pflanzlicher Herkunft: kalt gepresste Öle wie Lein- oder Walnussöl.
KOHLENHYDRATE	Kartoffeln, Reis, Nudeln, Hirse in gekochter Form oder als Flocken.
BALLASTSTOFFE	Gemüse, Weizenkleie, Zellulosepulver. Ganze Tiere: Fell oder Federn, pflanzlicher Inhalt im Darm.
MINERALSTOFFE	Kalzium: Knochen, Eierschalen, Algenkalk. Phosphor: Fleisch, Knochen. Magnesium: Sonnenblumenkerne, Haferflocken. Kalium: Kartoffeln, Fleisch. Natrium: Blut, Speisesalz.
SPURENELEMENTE	Eisen: Blut, Muskelfleisch. Kupfer: Leber, Fell, Federn. Zink: Knochen, Fell, Federn, Weizenkeime, Haferflocken. Jod: Seealgen, Seefisch.
VITAMINE	A/D: Leber, Lebertran, Eigelb. E: Weizenkeimöl, Distelöl. B: Pansen, Bierhefe, Eigelb, Fleisch, Innereien.

WAS DARF IN DEN NAPF?

Rohes Fleisch ist nicht alles! Zur Deckung ihres Nährstoffbedarfs brauchen unsere Katzen auch noch andere Zutaten. Welche, und wie diese zu verwenden sind, erfahren Sie auf den folgenden Seiten.

Hauptsache Fleisch

Bei der Auswahl der Fleisch- und Fischsorten gibt es fast keine Grenzen, limitierender Faktor ist allein der individuelle Geschmack Ihrer Katze. Sie können rohe Fleischabschnitte verschiedener Tierarten wie Rind, Lamm, Reh, Hirsch oder Kaninchen anbieten, aber auch Geflügelfleisch von Huhn, Pute, Ente oder Gans wird Ihr Vierbeiner sicherlich mit Genuss verspeisen. Die verschiedenen Fleischsorten haben einen sehr ähnlichen Gehalt an Phosphor, Natrium, Kalium und Magnesium, der den Bedarf der Katze an diesen Stoffen meist gut abdeckt. Allerdings sollten Sie darauf achten, mindestens 50 % »rote« Fleischsorten wie Rind, Wild oder Kaninchen zu verwenden, da deren Eisengehalt teilweise doppelt so hoch ist wie der von Geflügelfleisch. Auch der Fettanteil kann zwischen verschiedenen Fleischsorten erheblich variieren, was insbesondere dann zu berücksichtigen ist, wenn Ihr Stubentiger auf seine schlanke Linie achten muss (→ siehe Information Seite 19).

Vorsicht!

Schweinefleisch, besonders das vom Wildschwein, darf keinesfalls roh an die Katze verfüttert werden, da es das Aujeszky-Virus tragen kann. Letzteres ist für den Menschen zwar ungefährlich, kann aber bei der Katze die Pseudowut auslösen und damit zum Tod führen. Rohes Geflügelfleisch ist häufig kontaminiert mit Bakterien wie Salmonellen. Diese werden selbst bei Lagerung in Kühlschrank oder Gefriertruhe nicht abgetötet, sondern lediglich in ihrer Vermehrung gebremst. Durch die Aufnahme von kontaminiertem Fleisch kann eine Katze symptomloser Träger sein und dadurch Infektionsquelle für junge oder geschwächte Tiere, aber auch für Sie als Besitzer.

Innereien

Sie liefern Vitamine und wertvolle Spurenelemente, haben jedoch den Nachteil, dass der Bindegewebsanteil teilweise sehr hoch ist. Dies kann bei manchen Katzen zu Verdauungsstörungen wie Blähungen oder weichem Kot führen. Aufgrund strenger Lebensmittelkontrollen ist das Risiko einer Schadstoffbelastung als minimal anzusehen.

Herz von Rind oder Huhn ist hochverdaulich und versorgt mit hochwertigem Eiweiß.

Leber von Rind, Huhn und Kalb speichert Spurenelemente wie Kupfer, Zink und die Vitamine A, B2, B12, Niacin und Pantothensäure. Allerdings genügen 20 g Leber pro Woche für eine Katze von 4 kg, um den Vitamin-A-Bedarf abzudecken. Bei einer dauerhaften Überversorgung kann es u. a. zu einer Verknöcherung der Halswirbelsäule kommen.

Grüner Pansen enthält Ballaststoffe und B-Vitamine, trifft aber selten den Geschmack von Katzen. Zudem sollen die Tiere nach der Pansenfütterung vermehrt aus dem Maul riechen.

Milz ist ein Blutspeicher und damit eine wertvolle Eisenquelle, allerdings auch reich an Bindegewebe.

Lunge und Nieren bestehen fast nur aus Bindegewebe und haben keinen besonderen Nährwert. Soll Ihr Stubentiger energiereduzierte, doch sättigende Nahrung bekommen, dürfen Sie diese verfüttern, manche Katzen verweigern aber die Aufnahme.

Knochen

Fleischige Knochen wie Hühner- oder Putenhälse, Hühnerflügel oder Ochsenschwanz versorgen Ihre Katze vor allem mit Kalzium und Phosphor, enthalten aber auch Magnesium, Kupfer und Zink. Ihre Verfütterung birgt jedoch Gefahren:

Große, ganze Knochen können durch Splitter die Magen-Darm-Schleimhaut verletzen oder Probleme beim Kotabsatz verursachen (sogenannter »Knochenkot«). Durch Zerkleinerung in einem Fleischwolf wird dieses Risiko etwas minimiert.

Zu viele Knochen führen oftmals zu einer Überversorgung mit Kalzium- und Phosphor, die bei Katzen die Bildung von Harnkristallen begünstigt.

Knochen und Fleisch gleichzeitig verfüttert verschieben das Kalzium-Phosphor-Verhältnis

Katzen wissen Fisch durchaus zu schätzen. Rohen Fisch aber nicht öfter als einmal pro Woche geben!

Die Auswahl ist groß, doch welche Fleisch- oder Fischsorten Sie für B.A.R.F. verwenden können, bestimmt letztendlich Ihre Katze.

Fettreich oder **fettarm?**

Durch die Auswahl verschiedener Fleisch- und Fischsorten können Sie steuern, wie viel Energie Ihr Stubentiger über das Futter erhalten soll.

FETTES FLEISCH Mit einem Anteil von etwa 15 % gehören Gans und Ente, teilweise auch Schaf oder Rinderhackfleisch zu den fetteren Fleischsorten.

MAGERES FLEISCH Huhn, Pute, Rindertatar, Pferd und Wild enthält hingegen nur 2 – 6 % Fett.

FETTREICHE FISCHE Hierzu gehören Makrele, Atlantischer Lachs, Hering und Heilbutt.

MAGERE FISCHSORTEN Von den Seefischen sind Seelachs, Kabeljau, Schellfisch, Dorade und Rotbarsch zu nennen, von den Süßwasserfischen Zander, Forelle, Karpfen, Hecht und Pangasius.

zuungunsten des Kalziums. Denn da durch Knochen beide Mineralien zugeführt werden, der Phosphorbedarf der Katze aber zumeist schon über den Fleischanteil gedeckt ist, kommt es gerade bei älteren Tieren schnell zu einer Überversorgung mit Phosphor, die insbesondere die Nierenfunktion der Senioren negativ beeinflusst. Deswegen sind gemahlene Eierschalen oder Algenkalk als reine Kalziumquellen meist besser geeignet, um das Kalzium-Phosphor-Verhältnis auf den physiologischen Bereich von 1,3:1 (→ Seite 13 – 14) einzustellen.

Fisch

Auch Fische enthalten wertvolle Eiweiße und werden von vielen Katzen gern gefressen. Seefische liefern darüber hinaus noch viele essenzielle Omega-3-Fettsäuren und Jod. Besonders die fettreicheren Seefische (→ Information links) haben einen hohen Gehalt an den mehrfach ungesättigten Fettsäuren Eicosapentaensäure (EPA) und Docosahexaensäure (DHA), welche entzündungshemmend wirken und das Immunsystem stärken. Als Jodquelle dienen nur Fische aus dem Meer, da diese das Jod über ihre Nahrung aufnehmen. Der Gehalt variiert von 100 – 200 µg pro 100 g Seefisch. Süßwasserfische wie Forellen sind als natürliche Jodquelle nicht geeignet. Weiterhin ist zu beachten, dass viele Fische das Enzym Thiaminase enthalten, welches die Aufnahme von Vitamin B1 (=Thiamin) im Darm reduziert und so zu einem Mangel führen kann. Eine hohe Aktivität dieses Enzyms findet sich unter anderen in Karpfen, Hering, Hecht, Kabeljau und Makrele, durch Erhitzen wird es inaktiviert. Praktisch ist nur bei dauerhafter Rohfischfütterung ein Thiaminmangel zu erreichen, welcher sich beim Tier durch Appetitlosigkeit, Schwäche, Bewegungsstörungen bis hin zu Lähmungen äußern kann.

Warum Nahrungsergänzung?

Die Annahme, dass sich Katzen als reine Fleischfresser ausschließlich von Fleisch und ab und an Fisch ernähren, ist unter den Tierhaltern noch immer weitverbreitet, konnte aber bereits im vorhergehenden Kapitel (→ Seite 6) widerlegt werden. Den bisher theoretischen Ausführungen zu Fressverhalten und Nährstoffbedarf unserer Stubentiger sollen nun zwei konkrete Beispiele für Rationen folgen, die zum einen aufzeigen, welche Mangelerscheinungen bei alleiniger Rohfleischfütterung auftreten können, aber auch, wie diese mit entsprechenden Maßnahmen zu vermeiden wären.

Bei reiner Rohfleischfütterung bleibt Ihre Katze nur dann gesund und agil, wenn Sie fehlende Nährstoffe ergänzen.

Nur Fleisch und Fisch

Bei Unsicherheiten hinsichtlich der Ernährung Ihres Vierbeiners können Sie einen Fachtierarzt für Tierernährung und Diätetik aufsuchen. Dort erhalten Sie nicht nur grundsätzliche Informationen und Tipps zum Thema, vielmehr können individuelle Fütterungen mithilfe einer Rationsberechnung überprüft und gegebenenfalls angepasst werden.

› So erhielt beispielsweise eine 3,5 kg schwere Katze 150 g Rohfutter täglich, bestehend aus 100 g Fleisch und 50 g Fisch. Der Besitzer verfütterte im Wechsel Rinderhackfleisch, Hühnchenbrust, Putenschnitzel, Lamm, Lachs und Thunfisch, weitere Zutaten verwendete er nicht.

› Anhand dieser Angaben zur Ration wurden deren Gehalte an verschiedenen relevanten Nährstoffen berechnet und mit dem tatsächlichen Bedarf der hiermit gefütterten Katze verglichen.

› Die Auswertung ergab zum einen, dass der Energiebedarf des Tieres zu 100 % abgedeckt war, der an Rohprotein sogar zu 220 %!

› Hinsichtlich der Mineralien lag eine mehr als bedarfsgerechte Versorgung mit Natrium, Kalium, Magnesium und Phosphor vor. Von Kalzium hingegen wurden weniger als 5 % der tatsächlich benötigten Menge zugeführt.

› Bei den Spurenelementen machte der Gehalt an Eisen, Kupfer, Zink und Jod nur zwischen 20 – 40 % des jeweiligen Tagesbedarfs aus.

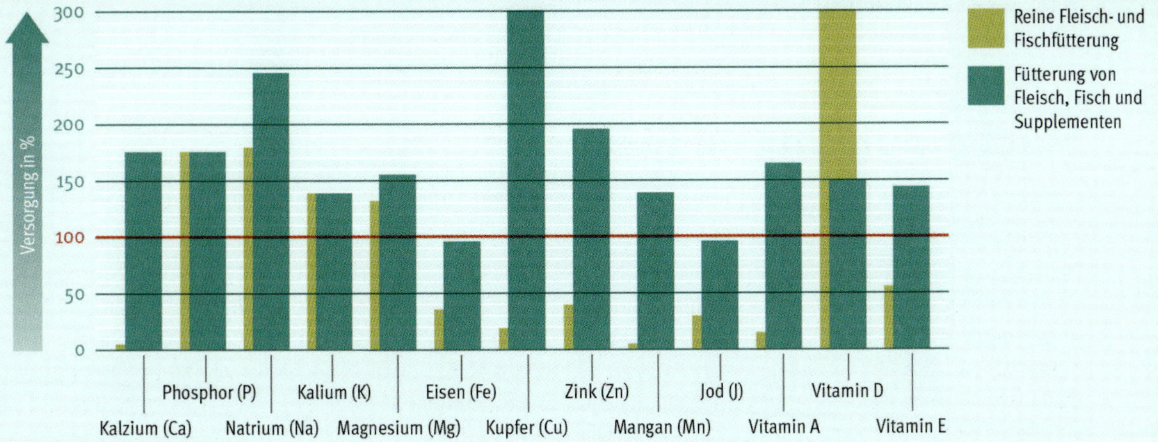

Bei reiner Fleisch- und Fischfütterung besteht hinsichtlich wichtiger Mineralien, Spurenelemente und Vitamine eine Fehlversorgung, im Diagramm anhand der gelben Säulen dargestellt. Erst nach Gabe eines geeigneten Ergänzungsfuttermittels werden alle lebensnotwendigen Nährstoffe bedarfsdeckend zugeführt (grüne Säulen).

› Von den Vitaminen war insbesondere die Versorgung mit Vitamin A unzureichend, von Vitamin E, B1 und Biotin lag zumindest etwa die Hälfte der erforderlichen Menge in der Ration vor.

Supplemente

Fleisch und Fisch ohne weitere Zutaten decken den Nährstoffbedarf einer Katze also nicht ausreichend ab. In freier Wildbahn frisst diese das komplette Beutetier, die im Fleisch fehlenden Nährstoffe bezieht sie aus Fell (Kupfer und Zink), Knochen (Kalzium, Phosphor, Magnesium), Blut (Eisen), Schilddrüse (Jod), Leber (Kupfer, Zink, Vitamin A) und dem Darm-Trakt (Vitamin B1, Biotin). Dem kommt die Verfütterung ganzer, roher toter Tiere am nächsten, welche in Form von Eintagsküken, Mäusen, Ratten und jungen Kaninchen angeboten werden. Wem diese Art der Fütterung doch zu natürlich ist, kann dem Fleisch auch sogenannte Supplemente, also Ergänzungsfuttermittel, hinzufügen. Hierfür steht im Fachhandel eine Reihe kommerzieller Fertigprodukte bereit, daneben gibt es aber auch viele Möglichkeiten zur Nahrungsergänzung auf natürlicher Basis. Eine Mischung aus beidem macht die oben besprochene Ration im Handumdrehen zu einer ausgewogenen Mahlzeit:

› Geben Sie zu den 150 g Fleisch und Fisch etwa 0,9 g gemahlene Eierschalen für ein optimales Kalzium-Phosphor-Verhältnis (→ Seite 14).

› 1 g Bierhefe pro Mahlzeit liefert ausreichend B-Vitamine und Biotin.

› Mit nur 0,35 g einer kommerziellen Spurenelementmischung erhält Ihre Katze ausreichend Eisen, Kupfer, Zink, Jod und Mangan.

› Ein halber Teelöffel Rapsöl versorgt mit den entzündungshemmenden Omega-3-Fettsäuren.

› Vom Lebertran benötigt Ihr Stubentiger sogar nur einen halben Teelöffel pro Woche, um ausreichend mit Vitamin A und D versorgt zu sein. Welche Produkte als Supplemente für die Katze geeignet sind und wie Sie diese genau anwenden, erfahren Sie auf den nächsten Seiten.

Milchprodukte und Eier

Für viele Hauskatzen sind Milchprodukte wie Joghurt, Sahne oder Quark ein wahrer Leckerbissen! Obwohl ihre wilden Artgenossen natürlicherweise kaum in diesen Genuss kommen, ist deren maßvolle Verfütterung im Rahmen von B.A.R.F. dennoch möglich, stellen sie doch eine zusätzliche Quelle für hochverdauliche Eiweiße dar. Doch warum vertragen manche Katzen ein Löffelchen verdünnte Sahne problemlos, andere hingegen nicht?

Sofern Ihre Katze an Milchprodukte gewöhnt ist, wird sie etwas Quark nur zu gern verspeisen.

Laktose und Laktase

Bei der Gabe von Milchprodukten ist zu beachten, dass diese Milchzucker (Laktose) enthalten. Unter Einwirkung eines spezifischen Verdauungsenzyms, der Laktase, wird Milchzucker im Dünndarm gespalten und resorbiert. Allerdings wird dieses Enzym nur von Katzenwelpen während der Säugephase, also bis etwa zur 8. Lebenswoche, in größeren Mengen produziert. Erwachsene Tiere hingegen verfügen nur noch über eine deutlich reduzierte Enzymaktivtät, weshalb auch weniger Laktose verdaut werden kann. Überschüssiger Milchzucker wird bei ihnen im Dickdarm von den dort lebenden Bakterien in Milchsäure umgewandelt, als Folge kann es zu weichem Kot oder gar Durchfall kommen. Doch dagegen können Sie etwas tun!

Gewohnheitssache

Gewöhnen Sie Ihre Katze langsam an die Verfütterung von Milchprodukten und geben Sie diese anfangs nur teelöffelweise zur Ration. Mit etwas Zeit kann sich eine spezifische Darmbakterienflora ausbilden. Die Menge an aufgenommenem Milchzucker können Sie zudem durch die Wahl entsprechender Milchprodukte beeinflussen. Nach steigendem Laktosegehalt aufgelistet ergibt sich folgende Reihenfolge: Butter, Frischkäse, Sahne, Buttermilch, Joghurt, Magerquark, Milch, Schmelzkäse, Kondensmilch. Selbst laktosefreie Milchprodukte gibt es inzwischen im Handel zu kaufen.

Mäßig aber regelmäßig

Sofern verträglich, stellen Milchprodukte für Ihre Katze eine alternative Eiweiß-, aber auch Fettquelle dar. Daher sollten geruhsame Sofatiger eher Hüttenkäse statt verdünnter Sahne oder Milch erhalten, wie auch kleine Stücke von Schnittkäse als Belohnungshappen eher zu vermeiden sind. Neigt Ihre Katze hingegen zu Untergewicht oder muss sie beispielsweise nach einer Erkrankung aufgepäppelt werden, wird ein Teelöffel Butter oder Butterschmalz als zusätzlicher Energielieferant wahre Wunder wirken. Ein kleiner Schuss (laktosefreie) Milch in den Wassernapf kann so manchen Wenigtrinker zur Flüssigkeitsaufnahme bewegen, dabei sollte jedoch auch immer frisches Wasser zur Verfügung stehen. Nicht getrunkene Milchreste müssen täglich entsorgt werden. So viele Vorteile sich auch bieten: Der Kalziumbedarf der Katze kann nie alleine über die Fütterung von Milchprodukten abgedeckt werden. Hierzu wäre eine große Menge von etwa 200 g notwendig, womit die Verdauungskapazität für Laktose weit überschritten würde.

Eier nur gekocht

Im Gegensatz dazu sind Eierschalen hervorragend geeignet, Kalzium zu supplementieren. Sie bestehen zu 98 % aus Kalziumkarbonat und können fein zermahlen auch gut vom Körper verwertet werden. Zudem liefert das Eiklar hochwertige Eiweiße, das Eigelb Biotin und Vitamin A. Damit diese Stoffe aber auch ihre Wirkung entfalten können, muss das Ei getrennt und das Eiweiß gebraten werden. Denn im rohen Eiklar ist Avidin enthalten, das die Aufnahme von Biotin verhindert, dazu ein Trypsininhibitor, der sich störend auf die Eiweißverdauung im Dünndarm auswirkt. Diese beiden Stoffe werden durch das Erhitzen inaktiviert.

Hier ist **Vorsicht** geboten!

TIPPS VON DER FUTTER-EXPERTIN
Natalie Dillitzer

SCHLUNDFLEISCH Als gewolfte Ware günstig im Tiefkühlversand zu kaufen, sind häufig auch Schilddrüsenanteile darin verarbeitet. Deren Hormone können bei Ihrer Katze noch aktiv werden! Konzentrierte Jodgehalte in der Schilddrüse führen zudem rasch zu einer Überversorgung.

SOLANIN Sofern Sie Ihrer Katze auch gekochte Kartoffeln anbieten (→ Seite 27), sollten Sie bei deren Zubereitung grüne Stellen sorgfältig entfernen. In diesen ist das hochwirksame Zellgift konzentriert enthalten.

RESTE VOM TISCH Katzen naschen gerne! Nicht alle Reste auf dem Teller sind jedoch gleichermaßen für Ihren Vierbeiner geeignet. Der Speckrand von einer Scheibe rohem Schinken ist gefährlich, da er das Aujeszky-Virus übertragen könnte, Erreger der Pseudowut. Bei gekochtem Schinken besteht dieses Risiko hingegen nicht.

ROHMILCH Katzenwelpen sollten als Muttermilchersatz keine Rohmilch bekommen, da das Milcheiweiß der unbehandelten Kuhmilch im Magen der kleinen Kätzchen eindickt und so möglicherweise zum Tod führen kann.

Fette und Öle

Fette und Öle haben unter den Nährstoffen den höchsten Brennwert. So liefert ein Teelöffel Öl dem Organismus genauso viel Energie wie 35 g einer mageren Fleischsorte. Wer nun aber glaubt, auf diese kalorienhaltigen »Dickmacher« in der Katzennahrung verzichten zu können, der irrt!

› Öle und Fette sind nach Fleisch der zweitwichtigste Energielieferant für die Katze (→ Seite 12).

› Im Darm werden Fette benötigt, um die fettlöslichen Vitamine A, D, E und K aufnehmen zu können.

› Einige pflanzliche Öl-Sorten können als Vitamin-E-Quelle dienen (→ Information rechte Seite).

› Bestimmte Fettsäuren sind für die Katze essenziell. Sie kann diese nicht selbst herstellen und muss sie daher über die Nahrung aufnehmen.

Ungesättigte Fettsäuren

Omega-3-Fettsäuren sind wichtig für den Aufbau von Zellmembranen, zudem wirken sie im Körper entzündungshemmend und unterstützen ihn damit

Fette und Öle sind wahre Kalorienbomben. Dennoch dürfen sie selbst bei der Ernährung etwas korpulenterer Stubentiger keinesfalls fehlen, da sie unverzichtbare Nährstoffe liefern.

vor allem bei Erkrankungen der Niere, Leber, Haut oder des Skelettapparats. Um diese Wirkung zu erreichen, kommt es auf das Verhältnis der Fettsäuren in der Gesamtration an. Omega-6-Fettsäuren sind in ausreichenden Mengen im Fleisch enthalten, im Gegenzug sollte eine Öl-Sorte gewählt werden, die reich an Omega-3-Fettsäuren ist, um das Verhältnis wieder auszugleichen. Besonders die beispielsweise im Lachsöl vorkommende Eicosapentaensäure (EPA) ist sehr wertvoll. Falls Ihre Katze kein Fischöl verträgt, können Sie alternativ Lein-, Walnuss- oder Rapsöl verwenden. Nachtkerzen- und Borretsch-Öl enthalten vor allem Omega-6-Fettsäuren und sind daher weniger gut zur Ergänzung der Fleischration bei der Katze geeignet.

Kauf und Lagerung

Kaufen Sie native, also kalt gepresste pflanzliche Öle, da bei raffinierten Sorten die ungesättigten Fettsäuren im Rahmen des Herstellungsprozesses durch Erhitzung teilweise zerstört werden. Da sich Öle unter der Einwirkung von Licht und Sauerstoff rasch verändern, sind dunkle Flaschen zu bevorzugen wie auch kleinere Mengen, die sich schneller verbrauchen lassen. Bewahren Sie angebrochene Ölflaschen zumindest kühl gelagert auf.

Tierische Fette

Butter, Rinderfett oder Gänseschmalz bestehen zu fast 100 % aus gesättigten Fettsäuren und dienen der Katze als reine Energiequelle. Damit sind sie hervorragend dazu geeignet, Ihre Katze beispielsweise nach längerer Krankheit wieder aufzupäppeln. Zudem erhöhen sie bei mäkeligen Fressern die Schmackhaftigkeit der Futterration. Lebertran enthält viel Vitamin A und D und sollte daher regelmäßig einmal pro Woche gefüttert werden.

Wie viel braucht die Katze **wovon?**

NÄHRSTOFF	ERFORDERLICHE MENGE
OMEGA-3-FETTSÄUREN	Nur ein Teelöffel Lein-, Raps-, Walnuss- oder Hanföl deckt den Tagesbedarf an diesen wertvollen Fettsäuren. Eine 4 kg schwere Katze braucht zudem 100 mg Eicosapentaensäure (EPA) pro Woche, die Gehalte verschiedener Fischöl-Präparate variieren.
VITAMIN E	Dieses ist vor allem in Weizenkeimöl, Sonnenblumenöl und Distelöl enthalten. Mischen Sie zweimal wöchentlich einen Teelöffel davon unter das Futter.
VITAMIN A/ VITAMIN D	Der Bedarf einer Katze mit 4 kg beträgt für Vitamin A 1400 IE, für Vitamin D 140 IE pro Woche. Wichtiger Lieferant hierfür ist Lebertran. Je nach verwendetem Produkt muss einmal wöchentlich etwa ein halber Teelöffel ergänzt werden.
TIERISCHES FETT	Bei normalgewichtigen Tieren wird 1 g pro kg Körpergewicht sicherlich nichts schaden!

Gemüse und Ballaststoffe

Frisches Obst und Gemüse finden bei der Katze eher selten Anklang. Schließlich nehmen ihre wilden Vorfahren die notwendige Rohfaser meist nur indirekt aus dem Magen-Darm-Trakt der Beutetiere auf. Ihrem Stubentiger jedoch müssen Sie die erforderlichen Ballaststoffe unter die Fleischration mischen, und das aus mehreren Gründen:

› Das Fleisch im Napf ist hochverdaulich und stellt die Verdauungsorgane kaum vor größere Aufgaben. Neben fehlender Bewegung führt dies oftmals zu einer reduzierten Darmtätigkeit, Verstopfungen sind die Folge. Gemüse, Flohsamen, Zellulose oder Weizenkleie enthalten die notwendigen Ballaststoffe, welche die Darmperistaltik anregen.

› Fasern wie das Pektin aus Möhre oder Apfel sind wichtige Nährstoffe für die Darmflora. Bestimmte Bakterien bilden daraus kurzkettige Fettsäuren, die den Zellen der Darmschleimhaut zur Regeneration dienen. Zudem können beispielsweise Milchsäurebakterien auch die Ansiedlung von krankmachenden Keimen wie Salmonellen und Streptokokken abwehren oder vermindern. Eine aktive Flora trägt damit nicht unerheblich zur Darmgesundheit bei.

› Für hungrige Katzen, die zu Übergewicht neigen, kann durch das Untermischen von Gemüse oder Zellulose die Futterportion vergrößert und damit ein gewisses Sättigungsgefühl erreicht werden.

Manche Katzen akzeptieren fein geraspeltes oder püriertes Gemüse roh im Futter. Für andere muss es in kleinen Stückchen gekocht werden.

Nicht ohne Vorbehandlung

Leider sind Katzen von all diesen Vorzügen nicht unbedingt zu überzeugen und dementsprechend heikel bei der Verfütterung von Gemüse. Möhren, Zucchini, Brokkoli, Kürbis, Erbsen und Äpfel werden noch am ehesten akzeptiert, oftmals allerdings erst nach entsprechender Aufbereitung:

› Tierhalter, die ausschließlich roh füttern möchten, sollten Möhren, Zucchini oder Äpfel mit einer Muskatreibe fein reiben. Auch die Zerkleinerung mit dem Pürierstab ist möglich.

› Ansonsten wird die Akzeptanz von Gemüse durch Kochen meist deutlich erhöht. Wenn es schnell gehen muss, reicht auch das Übergießen der fein geriebenen Raspel mit kochendem Wasser. Sobald das Gemüse gut abgekühlt ist, können Sie es unter die Futterration mischen.

› Erbsen, Brokkoli und Kürbis sollten der Katze grundsätzlich nicht roh angeboten werden, da sonst Verdauungsprobleme auftreten.

Entgegen vielen Behauptungen trägt die Gemüse- und Obstfütterung nur einen sehr geringen Anteil zur Vitamin- und Mineralstoffversorgung der Katze bei. Verluste, die sich durch das Erhitzen ergeben, sollten darum nicht überbewertet werden. Das gilt selbst dann, wenn Ihre Katze trotz aller Bemühungen die Aufnahme von Gemüse standhaft verweigert. Die für die Verdauung notwendigen Ballaststoffe können Sie ihr in diesem Fall in Form von Zellulose, Pektin oder Flohsamen zuführen, die als geschmacksneutrale Pulver im Handel erhältlich sind. Einfach unter das Futter mischen!

Kohlenhydrate – ja oder nein?

An dieser Frage entzünden sich heftige Diskussionen. Überzeugte Gegner führen als Hauptargument an, dass eine Katze sich natürlicherweise nicht vom Getreidefeld ernährt und daher nicht auf die Verdauung von Stärke eingestellt sei. Dieses komplexe Kohlenhydrat stellt den Energiespeicher der Pflanzen dar. Als reine Fleischfresser gewinnen Katzen den Großteil ihrer Energie tatsächlich aus Eiweißen und Fetten und sind demgemäß auf Stärke nicht angewiesen. Sofern Ihr Stubentiger eine ausgewogene Rohfleischfütterung erhält, muss diese darin auch nicht vorhanden sein. Andererseits können Katzen Stärke in aufgeschlossener Form, also gekocht, sehr gut in ihrem Energiestoffwechsel verwerten. Mit zunehmendem Alter ist es darum durchaus sinnvoll, vermehrt Kohlenhydrate in ihre Futterration zu integrieren. Anfangs genügt ein Teelöffel, dann nach Verträglichkeit steigern. Die Katze bezieht hieraus einen Teil ihrer Tageskalorien, im Gegenzug kann Fleisch eingespart werden. Dessen hohe Gehalte an Eiweiß und Phosphor sind im Alter belastend für die Nierenfunktion der Seniorkatze. Auch bei Problemen mit Harnkristallen muss der Protein- und Phosphatanteil reduziert und durch Kohlenhydrate ersetzt werden.

Gekochte Kohlenhydrate sind eine alternative Energiequelle zu Fleisch. Eiweiße und Phosphor werden somit eingespart, die Nieren geschont.

Auch eine Möglichkeit: **Teilbarfen**

Kohlenhydrate müssen für Katzen aufgeschlossen werden, ein Teil der B.A.R.F.-Ration ist gekocht!

KOCHEN (Süß-)Kartoffeln, Reis und Hirse sollten Sie sehr weich kochen, also mindestens 15 Minuten länger als für den Eigenbedarf.

FLOCKEN In Flocken aus Weizen, Hafer, Quinoa und Amaranth ist die Stärke bereits aufgeschlossen. Sie brauchen diese nur für fünf Minuten in der dreifachen Menge Wasser einweichen. 10 g Flocken entsprechen 40 g gekochten Kohlenhydraten!

GEWÖHNUNG Zu Beginn nur einen Teelöffel davon zum Futter geben, dann langsam steigern.

VORSICHT Der Anteil im Futter sollte 20 – 30 % nicht überschreiten, sonst gibt's Durchfall!

Ergänzungsfuttermittel

Ob im Zoo-Fachhandel oder im Internet, die Auswahl zwischen verschiedenen Ergänzungsfuttermitteln ist groß. Doch was hiervon ist wirklich wichtig für eine bedarfsgerechte Versorgung Ihrer Katze?

Mineralien

Sofern Sie Ihrem Vierbeiner keine Knochen zur Mahlzeit anbieten, ist dieser auf die Zufuhr von Kalzium dringend angewiesen. Zu diesem Zweck stehen mehrere Möglichkeiten zur Verfügung:

Knochenmehl Dieses enthält neben Kalzium allerdings auch einen hohen Anteil Phosphor. Der Bedarf der Katze hieran ist jedoch allein durch den Fleischanteil in der Ration bereits abgedeckt, sodass ohne rechnerische Kontrolle häufig eine Phosphorüberversorgung und damit ein ungünstiges Kalzium-Phosphor-Verhältnis entstehen kann.

Eierschalen, Algenkalk Mit einem Kalziumkarbonat-Gehalt von 98 % (Eierschalen) beziehungsweise 80 – 90 % (Algenkalk) sind diese natürlichen

Frisst Ihre Katze überwiegend Fleisch und nur selten ganze Beutetiere, sind Nährstoffmängel die Folge. Diese können Sie durch ein geeignetes Ergänzungsfuttermittel ausgleichen.

Produkte wesentlich besser dazu geeignet, das optimale Kalzium-Phosphor-Verhältnis von 1,3:1 in der Gesamtration einzustellen. Wegen der Gefahr einer Salmonellenkontamination sollten Sie besser die Schalen von gekochten Eiern verwenden oder die von rohen im Ofen für zehn Minuten bei 90 °C trocknen. Die Schalen müssen dann mit dem Mörser oder Pürierstab zerkleinert werden, um die Aufnahme des Kalziums im Darm zu erleichtern.

Spurenelemente

Erhält Ihre Katze vorwiegend Fleisch und eher selten ganze Beutetiere, müssen Sie Spurenelemente ergänzen, um Mangelerscheinungen zu vermeiden:
Seealgen Zur Substitution von Jod werden im Handel verschiedene Algenpräparate zur Ergänzung der B.A.R.F.-Ration angeboten. Grundsätzlich kommt Jod nur in Meeres- bzw. Seealgen in ausreichenden Mengen vor. Die Süßwasseralge Chlorella wie auch die »Blaualge« Spirulina, die eigentlich zu den Bakterien gehört, enthalten hingegen zu wenig Jod (3 mg / kg und 12 mg / kg). Eine 4 kg schwere Katze benötigt etwa 70 µg Jod täglich. Je nach verwendetem Präparat liegt die passende Dosierung im Messerspitzenbereich. Ein fütterungsbedingter Mangel an Jod kann unter Umständen zu einer Schilddrüsenunterfunktion führen.
Blutmehl Bei hellem Fleisch wie Pute oder Huhn, aber auch bei den verschiedenen Fischsorten ergänzt es den notwendigen Eisengehalt.
Mineralfutter Eine Vielzahl von Produkten soll Ihre Katze mit Spurenelementen wie Kupfer, Mangan und Zink versorgen, doch achten Sie auf die richtige Zusammensetzung (→ Information rechts). Natürlicherweise sind Kupfer in Leber, Zink im Fell ganzer Beutetiere und Mangan in Vollkornprodukten und gemahlenen Nüssen enthalten.

Vitamine

Die Katze kann Vitamin A nicht aus dessen pflanzlicher Vorstufe, den Beta-Carotinen, herstellen und ist darum auf tierische Quellen angewiesen.
Lebertran Im Gegensatz zu Leber und Eigelb enthält dieser nicht nur Vitamin A, sondern auch Vitamin D. Da handelsübliche Präparate unterschiedliche Gehalte aufweisen, muss die jeweils benötigte Menge anhand des tatsächlichen Vitaminbedarfs der Katze (→ Seite 25) errechnet werden.
Bierhefe Sie wird häufig als B-Vitamin-Quelle eingesetzt (vor allem Vitamin B1 = Thiamin).

Sonstiges

Mit 240 mg pro Maus nehmen Katzen über ihr natürliches Beutetier immer genügend Taurin auf und haben deshalb die Möglichkeit verloren, diese Aminosäure selbst zu bilden. Da keine andere Fleischsorte einen vergleichbaren Tauringehalt aufweist und dieser insbesondere durch Verarbeitung und Lagerung zusätzlich abnimmt, sollte der selbst zubereiteten Ration diese essenzielle Aminosäure vorsichtshalber zugesetzt werden. Eine 4 kg schwere Katze benötigt 100 mg Taurin.

Gut zu **wissen!**

MINERALFUTTER Zur Ergänzung von Spurenelementen sind in 1 kg Mineralmischung folgende Mindestgehalte ratsam: 200 mg Jod, 2 000 mg Kupfer, 1 100 mg Mangan, 15 000 mg Zink, dazu B-Vitamine wie B1, B2, B12 und Pantothensäure.

GRÜNLIPPMUSCHELN Als Pulver bei Gelenkserkrankungen zugegeben, unterstützen ihre Glykosamine den Aufbau von Knorpelgewebe.

JETZT KOMMT DIE PRAXIS

Nicht nur die Zutaten, auch Menge und Verhältnis der Futterkomponenten sind wichtig. Konkrete Rezeptvorschläge und viele Tipps zur Zubereitung erleichtern Ihnen den Einstieg in die Rohfütterung!

Energiebedarf und Futtermenge

Die in diesem Kapitel angeführten Rezeptvorschläge sind Beispiele, wie eine bedarfsgerechte Ration für die Katze zusammengestellt sein kann. Berechnungsgrundlage für die angegebenen Mengenverhältnisse war das durchschnittliche Körpergewicht der Europäischen Kurzhaarkatze von etwa 4 kg, da diese bei uns als Haustier weitverbreitet ist. Eventuell müssen Sie jedoch die jeweilige Grundration noch den individuellen Anforderungen Ihres Stubentigers anpassen!

Zu dick oder zu dünn?

Wie viel Energie Ihre Katze über das Futter aufnehmen muss, hängt von verschiedenen Faktoren ab. Maßgeblich ist dabei vor allem der Ernährungszustand Ihres Stubentigers. Um diesen zu beurteilen, ist Objektivität gefragt! Nur dann können Sie ihn mithilfe einer einfachen Maßnahme relativ gut abschätzen! Streichen Sie dazu mit der flachen Hand über den Brustkorb der Katze:

› Sind die Rippen gut zu spüren? Dann hat Ihre Katze Idealgewicht. In diesem Falle können Sie die angegebenen Futtermengen ohne Modifikationen anbieten. Trotzdem sollten Sie das Gewicht Ihrer Katze alle zwei Wochen kontrollieren.

› Müssen Sie jedoch verstärkten Druck ausüben, um die Rippen durch Fettpölsterchen hindurch fühlen zu können, dann sollte Ihre Katze abspecken. Die jeweilige Futtermenge muss dann um 30 – 40 % reduziert werden. Als Faustregel gilt, dass eine übergewichtige Katze 1 – 2 % des Körpergewichts pro Woche abnehmen sollte.
Bei einer 6 statt 4 kg schweren Mieze wären das dementsprechend 60 – 120 g wöchentlich.

› Sind dagegen die Rippen und auch andere Knochenvorsprünge wie die Hüfte selbst durch das dichte Haarkleid deutlich zu fühlen, benötigt Ihre Katze mehr Futter. Bieten Sie ihr dann etwa 20 % mehr an als angegeben.

Kastriert oder nicht kastriert?

Durch die Kastration ändert sich nicht nur die Stoffwechsellage der Katze, viele sind danach auch weniger aktiv, da die Suche nach Partnern entfällt. Aus diesen Gründen ist der Energiebedarf kastrierter Tiere um etwa 20 % geringer als vor dem Eingriff. Achten Sie darum vor allem auf die Figur Ihrer Katze und kontrollieren Sie regelmäßig deren Ernährungszustand! Sofern Ihre Katze nach der Kastration zu Übergewicht neigt, sollten Sie ihr weniger Futter anbieten, wobei Sie sich nach den oben dargelegten Maßstäben richten können.

Sonderwünsche

Trächtigkeit und Säugezeit der Kätzin sowie das Wachstum der Welpen in den ersten zehn Monaten sind Lebensphasen mit erhöhtem Energie- und auch Nährstoffbedarf. Selbst zubereitete Rationen müssen also entsprechend angepasst werden. Leider gibt es keine allgemeingültigen Faktoren, mit denen die Gehalte der nachfolgend aufgeführten Rezepte auf diese besonderen Ansprüche hin umgerechnet werden könnten. Schließlich ist es ein Unterschied, ob eine Katze mit 4 kg ein Kitten oder eine mit 6 kg vier Kitten zu säugen hat. Auch ist der Nährstoffbedarf eines Katzenwelpen in der zehnten Lebenswoche ein anderer als im siebten Lebensmonat. Für diese besonderen Lebensabschnitte sollten B.A.R.F-Pläne von Spezialisten individuell berechnet werden. Beispielhaft seien hier jedoch folgende Richtwerte genannt:

› Ab Beginn der Trächtigkeit sollte die Energieversorgung um 50 % erhöht und dabei auf die Fütterung von einer hochverdaulichen und nährstoffreichen Ration geachtet werden.

› Hat eine Kätzin während der Säugezeit mehr als zwei Welpen zu versorgen, kann ihr Energiebedarf über das 2,5-fache des Normalwertes ansteigen.

› Heranwachsende Kätzchen brauchen viermal mehr Energie, Mineralien, Spurenelemente und Vitamine als ein ausgewachsenes Tier.

Nach dem erfolgreichen Absetzen sollten Sie Ihrer Jungkatze einen möglichst abwechslungsreichen Speiseplan bieten. Dadurch vermeiden Sie eine einseitige Prägung, welche eine spätere Futterumstellung erschweren oder unmöglich machen kann.

Katzensenioren

Nun sollte das Gewicht des Stubentigers besonders im Auge behalten und bei Bedarf die Energiezufuhr angepasst werden. Aufgrund der erhöhten Anfälligkeit der Nieren empfiehlt es sich, die Nahrung ab einem Alter von etwa zehn Jahren nierenschonend zu gestalten. Dazu ist vor allem eine bedarfsorientierte Eiweiß- und Phosphorversorgung notwendig. Bei der Rohfütterung kann dies zum einen durch hochverdauliche, aber fettere

Wie oft wird gefüttert?

IM NORMALFALL kommen mehrere kleinere Mahlzeiten am Tag der natürlichen Nahrungsaufnahme der Katze am nächsten (→ Seite 6 – 7).

BEI ERKRANKUNGEN von Magen, Bauchspeicheldrüse und Herz entlasten kleinere Portionen.

NACH AKUTEM DURCHFALL muss sich der Darm erholen, für 12 – 24 h gibt's kein Futter!

Streichen Sie mit der flachen Hand über den Brustkorb Ihrer Katze. Sind die Rippen gut zu spüren, hat sie ihr Idealgewicht.

Je nach Anzahl der Kitten hat die Kätzin einen höheren Energiebedarf. Schließlich muss sie genügend Milch für den hungrigen Nachwuchs bereitstellen.

Fleischsorten erreicht werden. Zum anderen bietet sich die Gabe von alternativen Energiequellen an. Hierzu zählen Öle und ein gewisser Anteil an gekochten Kohlenhydraten. Bindegewebsreiche Innereien wie Lunge, Leber, Pansen, welche häufig in Fleischmixturen verarbeitet werden, sollten bei der älteren Katze nur noch selten auf dem Speiseplan stehen. Ein Teil des Bindegewebes wird nämlich durch die natürlichen Darmbakterien im Dickdarm umgesetzt, der dabei entstehende Ammoniak gelangt über die Darmschleimhaut ins Blut. Dieser muss von Niere und Leber entgiftet werden, was diese Organe im Alter unnötig stark belastet.

Die Sache mit dem Idealgewicht

Nicht alle Katzen haben tatsächlich ein Normalgewicht von 4 kg, für das die Rezepte im Anschluss berechnet sind. Unterschiede bestehen vor allem zwischen den einzelnen Rassen, aber auch zwischen deren männlichen und weiblichen Vertretern. Man unterscheidet folgende Gewichtsklassen:

Sehr leichte Rassen Abessinier, Devon, Rex, Exotic und Orientalisch Kurzhaar, Siam, Somali und Korat wiegen durchschnittlich nicht mehr als 2,8 kg (Kätzin) und 3,6 kg (Kater).
Leichte Rassen Hierzu zählen Colourpoint, Bengal, Heilige Birma, Thai, Perser und Russisch Blau mit 3,3 kg (Kätzin) und 4,3 kg (Kater) im Mittel.
Mittelschwere Rassen Britisch Kurzhaar, Ragdoll und Scottish Fold bringen im Normalfall 3,5 kg (Kätzin) und 4,3 kg (Kater) auf die Waage.
Schwere Rassen Die Norwegische Waldkatze und Sibirische Katze haben das stattliche Gewicht von 4,0 kg (Kätzin) und 5,1 kg (Kater).
Sehr schwere Rassen Mit 4,9 kg (Kätzin) und 6,1 kg (Kater) gehört die Main Coon zu den wahren Schwergewichten unter den Rassekatzen.
Die in den Rezepten vorgeschlagenen Rationen gelten für mittelschwere Rassen. Ihre Zusammenstellung muss damit für solche Tiere umgerechnet werden, die zwar Idealgewicht haben, aber rassebedingt einer anderen Gewichtsklasse angehören.

Umrechnung der Rezeptur

Fleisch oder Fisch Bei Katzen der leichten Rassen mit 3 kg sollte die angegebene Fleisch- oder Fischmenge um etwa 20 % reduziert werden. Die schwereren Exemplare mit 6 beziehungsweise 8 kg Normalgewicht sollten im ersten Fall 25 – 30 %, im zweiten 50 % mehr Fleisch oder Fisch bekommen. Verwenden Sie fette und magere Sorten im Wechsel, damit die »Traumfigur« erhalten bleibt!

Kohlenhydrate Beim »Teilbarfen« (→ Seite 27) muss der Anteil der Kohlenhydrate je nach Gewicht um 10-20 % reduziert oder erhöht werden.

Fette und Öle Zur bedarfsdeckenden Versorgung mit essenziellen Fettsäuren benötigt Ihre Katze täglich mindestens 0,5 g Öl pro kg Körpergewicht. Ausgehend von einem Normalgewicht von 4 kg, entspräche dies 2 g und damit in etwa ⅓ TL Öl pro Tag. Die 6 kg schwere Artgenossin bräuchte hingegen 3 g Öl und damit ungefähr ½ TL täglich. Zudem stellen Öle aber auch alternative Energieträger dar. Eine aktive Freigängerkatze kann bis zu 1 g Öl pro kg Körpergewicht und Tag erhalten. Danach bekäme eine 4 kg schwere Katze etwa 4 g beziehungsweise einen knappen Teelöffel Öl pro Tag.

Eierschalenmehl Die Menge an Eierschalenmehl muss analog zur geänderten Fleischration angepasst werden. Je Kilogramm, um das das Standardgewicht von 4 kg überschritten wird, sollten Sie 0,1 g Eierschalenmehl mehr am Tag geben.
Bei leichteren Katzen müssen Sie die Menge entsprechend dazu um 0,1 g reduzieren.

Vitamine und Spurenelemente Die in den Rezepten angegebenen Mengen gelten für Vitamin Optimix barf®. Bis zu einem Gewicht von einschließlich 4 kg ist Ihre Katze mit 0,35 g und damit einem halben Messbecher des Mineralfutters bedarfsdeckend versorgt, ab 5 kg sollten Sie täglich 0,7 g zufügen. Andere Präparate sind nach den Angaben des jeweiligen Herstellers anzuwenden.

Sonstiges Einzelne Futterkomponenten wie Hühnerhälse, Hühnerflügel oder Leber, aber auch Nahrungsergänzung wie Lebertran oder Blutmehl können Sie in ihren jeweiligen Mengen belassen. Bei Gemüse entscheidet der Geschmack der Katze!

Welches Gewicht Ihre Katze haben sollte, hängt auch von ihrer Rassezugehörigkeit ab. Demgemäß ist die Ration umzuberechnen.

Die richtige Zubereitung

Die Theorie ist geklärt, doch bevor Sie nun richtig loslegen, sollen erst noch ein paar allgemeine Hinweise zur Zubereitung der Rezepte folgen:

Fleisch Rohes Fleisch und Knochen müssen zunächst »katzengerecht« zerkleinert werden. Für B.A.R.F.-Profis unter den Vierbeinern genügen kleine Stückchen von etwa 1,5 × 1,5 cm, für Umsteiger sollten Sie beides durch den Fleischwolf drehen. Dieser ist auch hilfreich bei Rationen, in denen verschiedene Fleischkomponenten verwendet werden, wie beispielsweise Fleisch und Innereien, ansonsten beide Anteile in gleichgroße Würfel schneiden. Die in den Rezepten angegebene Knochenmenge lässt sich nur schwer in noch kleinere Stückchen zerlegen. Darum Knochen nur alle zwei Tage, dann aber in doppelter Menge anbieten. Die größeren Stücke lassen sich für Sie leichter handhaben.

Fisch Dieser darf nur einmal pro Woche roh verfüttert werden (→ Seite 19). Bei manchen Katzen kann die Umstellung auf Rohfisch erleichtert werden, wenn Sie diesen kurz in der Pfanne anbraten.

Ballaststoffe Gemüse als Ballaststoffträger kann fein geraspelt und roh zugegeben werden, manche Katzen akzeptieren es aber besser leicht gedämpft (→ Seite 26). Bei heiklen Tieren, die die Aufnahme von »Grünzeug« verweigern, können Weizenkleie oder Flohsamen für eine gesunde Verdauung sorgen. Diese müssen vor der Zugabe aber erst in Wasser eingeweicht werden.

Nahrungsergänzung Was in keiner Tagesration fehlen darf, sind Taurin (25 mg / kg Körpergewicht), Eierschalenmehl (Kalzium), Mineralfutter (Spurenelemente und Vitamine) und Öle. Bei Letzteren sollten Sie für eine optimale Versorgung mit essenziellen Fettsäuren täglich zwischen verschiedenen Pflanzenölen wechseln. Verwenden Sie auch Vitamin-E-reiche Sorten wie beispielsweise Distel-, Weizenkeim- oder Sonnenblumenöl. Während Blutmehl als Eisenlieferant bei Verwendung »roter« Fleischsorten wie Rindfleisch entfallen kann, muss es bei Geflügelfleisch täglich zu 0,4 g und bei Fisch sogar zu 1,0 g beigefügt werden. Von Lebertran (Vitamin A, D) reicht ½ TL pro Woche.

Konsistenz Geben Sie etwas Gemüse- oder Einweichwasser zur Ration! So wird deren Konsistenz suppiger und Ihre Katze erhält genug Flüssigkeit!

Fütterung B.A.R.F. sollten Sie täglich frisch zubereiten. Jedes der folgenden Rezepte deckt den kompletten Nährstoffbedarf Ihrer Katze. Sie können die jeweilige Tagesmenge auf mehrere kleinere Mahlzeiten verteilen, die nicht verwendeten Reste gehören aber unbedingt in den Kühlschrank und sollten noch am selben Tag verspeist werden.

Ganz ohne kommerzielle Zusätze

Das »Mischrezept« (→ Seite 36) deckt den kompletten Nährstoffbedarf Ihrer Katze! Täglich variiert wird immer wieder eine leckere Mahlzeit daraus.

FLEISCH UND FISCH Wechseln Sie täglich zwischen verschiedenen Fleischsorten ab. Nur einmal pro Woche gibt's rohen Fisch statt Fleisch.

VITAMINE UND MINERALIEN Mangan wird über Haferflocken/Haselnüsse abgedeckt, Eisen über Blutmehl, Kupfer und Vitamin A über die Leber, Vitamin D über Lebertran, Jod über Seealgen, B-Vitamine über Leber und Bierhefe. Nur Zink geht extra!

ERGÄNZUNG Jede Komponente muss täglich gegeben werden, da die Katze B-Vitamine und Spurenelemente kaum speichern kann!

Mischrezept

Alles »Bio«: Wer auf fertiges Mineralfutter im Napf des Vierbeiners verzichten will, ist hier genau richtig! Wechseln Sie zwischen verschiedenen Fleischsorten, geben Sie einmal pro Woche Fisch, so wird diese Ration, auch täglich gegeben, nie langweilig!

100 g Fleisch oder Fisch (→ Seite 35)
10 – 15 g Rinderleber einmal pro Woche
1 St. Möhre oder Zucchini (ca. 20 g)
½ TL Öl
5 g Schmelzflocken oder Haselnüsse
1,5 g Bierhefe
4 Msp. Blutmehlpulver (0,8 g)
4 Msp. Eierschalenmehl (0,75 g)
1 Msp. Seealgenmehl (0,1 g)
¼ Zinktablette (2,5 mg Zink)

Tagesmenge für eine normalgewichtige Katze mit 4 kg Körpergewicht
10 Min. Zubereitung

1 Fleisch oder Fisch, evtl. Leber in kleine Stücke schneiden oder durch den Fleischwolf drehen.

2 Gemüse waschen und mit einer Muskatreibe fein raspeln. Roh verwenden oder mit kochendem Wasser übergießen und für 10 Min. stehen lassen.

3 Haselnüsse mahlen oder Schmelzflocken in etwas warmem Wasser einweichen. Pro TL Flocken sollten Sie dazu etwa 3 TL Wasser verwenden.

4 Zinktablette im Mörser zu einem feinen Pulver zerstoßen.

5 Fleisch oder Fisch, evtl. auch Leber gut mit dem Gemüse vermengen, dann Öl und Schmelzflocken bzw. Haselnüsse untermischen.

6 Zum Schluss Bierhefe, Blutmehlpulver, Eierschalenmehl, Seealgenmehl und Zinktablette zugeben.

Rinderherzgulasch

So ist für Beschäftigung gesorgt: Das kernige Fleisch des Herzmuskels will gut zerkaut werden!

130 g Rinderherz | 1 St. Zucchini (25 g) | ½ TL Öl | 4 Msp. Eierschalenmehl (0,8 g) | ½ Mb. Mineralfutter (0,35 g)

Tagesmenge für eine normalgewichtige Katze mit 4 kg Körpergewicht
8 Min. Zubereitung

1 Rinderherz in kleine Würfel schneiden oder durch den Fleischwolf drehen.

2 Zucchini waschen und mit einer Muskatreibe fein raspeln. Roh verwenden oder mit kochendem Wasser übergießen und für 10 Min. stehen lassen.

3 Fleisch, (abgekühltes) Gemüse und sonstige Zutaten vermengen und sofort verfüttern.

Rindertatar extra fein

Für unsere Katzen nur das Beste: Erlesenes Rindfleisch und Quark werden hier noch mit etwas Reibekäse getoppt.

125 g Rindertatar | 25 g Sahnequark | 20 g Erbsen | 1 TL Öl | 3 Msp. Eierschalenmehl (0,6 g) | ½ Mb. Mineralfutter (0,35 g) | 10 g Käse

Tagesmenge für eine normalgewichtige Katze mit 4 kg Körpergewicht
10 Min. Zubereitung

1 Frische Erbsen 12 Min. lang weich kochen, abkühlen, alternativ Erbsen aus der Dose verwenden.

2 Erbsen, Rindertatar und Sahnequark gründlich miteinander vermengen, dann Öl, Eierschalenmehl und Mineralfutter zugeben.

3 Käse sehr fein reiben und über die Ration streuen.

Hühnchen-Allerlei

Abwechslungsreicher geht's fast nicht: Fleisch, Knochen und Innereien, dazu noch Ei und etwas Gemüse – da bleibt kein Wunsch mehr offen. Kein Wunder also, dass der Nährstoffbedarf Ihres Vierbeiners bei diesem Power-Food komplett abgedeckt ist!

100 g Hühnchenfleisch
50 g Hühnerherzen
15 g Hühnerleber
10 g Hühnerhals
1 St. Möhre (20 g)
1 rohes Eigelb
½ TL Öl
5 Msp. Blutmehlpulver (1 g)
3 Msp. Eierschalenmehl (0,6 g)
½ Mb. Mineralfutter (0,35 g)

Tagesmenge für eine normalgewichtige Katze mit 4 kg Körpergewicht
12 Min. Zubereitung

1 Hühnchenfleisch und Innereien in kleine Würfel schneiden oder durch den Fleischwolf drehen.

2 Möhre waschen und mit einer Muskatreibe fein raspeln. Roh verwenden oder mit kochendem Wasser übergießen und für 10 Min. stehen lassen.

3 Das Hühnchenragout mit den Gemüseraspeln vermischen und rohes Eigelb unterziehen.

4 Den Hühnerhals im Ganzen oder in kleine Stückchen zerlegt zugeben.

5 Abschließend das Öl, Blutmehlpulver, Eierschalenmehl und Mineralfutter unterrühren.

TIPP

Zutaten wie Käse, Quark oder das rohe Eigelb müssen nicht unbedingt in die Ration, sondern können auch im Lauf des Tages als »Schmankerl« angeboten werden!

Geflügelschmaus

Da ist was dran: Hühnerflügel bieten nicht nur Fleisch, ihre Knochen enthalten auch Kalzium und Phosphor. Hat Ihre Katze Spaß am Abnagen, dann können Sie ihr diese im Stück geben, ansonsten werden sie mit zarter Putenbrust zum Gaumenschmaus.

125 g Putenbrust
15 g Hühnchenflügel
½ hart gekochtes Ei (Größe M)
1 St. Zucchini (25 g)
1 TL Öl
2 Msp. Blutmehlpulver (0,5 g)
2 Msp. Eierschalenmehl (0,4 g)
½ Mb. Mineralfutter (0,35 g)

Tagesmenge für eine normalgewichtige Katze mit 4 kg Körpergewicht
12 Min. Zubereitung

1 Putenbrust in kleine Würfel schneiden.

2 Hühnerflügel in 2 – 3 kleinere Stücke zerteilen oder durch den Fleischwolf drehen.

3 Das Ei 7 Min. lang hart kochen.

4 Zucchini waschen und mit einer Muskatreibe fein raspeln. Roh verwenden oder mit kochendem Wasser übergießen und für 10 Min. stehen lassen.

5 Gemüseraspel, klein geschnittenes Ei und Fleisch mischen, das Öl zugeben. Zuletzt Blutmehlpulver, Eierschalenmehl und Mineralfutter unterheben.

TIPP

Folgende Abkürzungen für Maßeinheiten finden in den hier besprochenen Rezepten Verwendung:

Msp. = Messerspitze
Mb. = Messbecher
EL = Esslöffel
TL = Teelöffel
St. = Stück
g = Gramm

Lachs mit Apfel

Atlantischer Lachs ist nicht nur reich an Omega-3-Fettsäuren, er enthält auch viel Vitamin D!

135 g frischen Lachs
1 St. Apfel (20 g)
½ TL Öl
5 Msp. Blutmehlpulver (1 g)
4 Msp. Eierschalenmehl (0,8 g)
½ Mb. Mineralfutter (0,35 g)

Tagesmenge für eine normalgewichtige Katze mit 4 kg Körpergewicht
12 Min. Zubereitung

1 Lachs in kleine Würfel schneiden oder durch den Fleischwolf drehen.

2 Apfel waschen und samt der Schale mit einer Muskatreibe fein raspeln oder pürieren.

3 Apfelpüree und Lachs gut vermengen, dann Öl untermischen.

4 Abschließend Blutmehlpulver, Eierschalenmehl und das Mineralfutter zufügen.

TIPP

Wenn Sie nur einmal pro Woche Atlantischen Lachs an Ihre Katze verfüttern, dann decken Sie damit deren kompletten Vitamin-D-Bedarf. Alternativ kann der B.A.R.F.-Ration auch einmal wöchentlich Dorschlebertran zugefügt werden. Welche Menge Sie davon benötigen, hängt vom Vitamin-D-Gehalt des jeweiligen Präparates ab. Ihre Katze braucht 140 IE Vitamin D pro Woche.

Dorsch mit Kartoffeln

Dorsch oder auch Kabeljau liefert Ihrer Katze hochwertige Eiweiße, aber nur wenig überflüssige Kalorien!

185 g Dorsch bzw. Kabeljau
15 g Kartoffelflocken
½ TL Öl
5 Msp. Blutmehlpulver (1 g)
4 Msp. Eierschalenmehl (0,8 g)
½ Mb. Mineralfutter (0,35 g)

Tagesmenge für eine normalgewichtige Katze mit 4 kg Körpergewicht
8 Min. Zubereitung

1 Dorsch in kleine Würfel schneiden oder durch den Fleischwolf drehen.

2 Kartoffelflocken mit etwa der dreifachen Menge heißem Wasser übergießen und quellen lassen.

3 Fisch unter den Kartoffelbrei heben, 5 Min. ziehen und dann abkühlen lassen.

4 Abschließend Blutmehlpulver, Eierschalenmehl und das Mineralfutter zufügen.

TIPP

Beim Teilbarfen wird ein Teil der benötigten Energie über gekochte Kohlenhydrate bereitgestellt. Damit ist weniger Fisch nötig, dessen hohe Eiweiß- und Phosphorgehalte die Nierenfunktion älterer oder nierenkranker Katzen belasten. Sie können statt Kartoffelflocken auch 15 g Hirse oder Reis verwenden, diese müssen aber noch in der dreifachen Menge Wasser sehr weich gekocht werden.

Wo kaufe ich am besten ein?

Barfen ist in den letzten Jahren populär geworden. Entsprechend groß ist das Angebot auf dem Einkaufsmarkt. Man kann sich als Tierhalter entscheiden, ob das Fleisch beim Bauern oder Metzger des Vertrauens gekauft oder über das Internet bezogen wird, ob man konventionelles Fleisch oder Biofleisch verfüttern möchte.

Tiefkühlware

Viele Tierbedarfsgeschäfte haben inzwischen verschiedene Sorten Tiefkühlfleisch vorrätig, noch einfacher lässt es sich oftmals über das Internet beziehen. In den letzten Jahren ist die Anzahl der Anbieter stetig gewachsen. Sie offerieren eine große Auswahl und liefern meist innerhalb weniger Tage, sodass die gut verpackte Tiefkühlware noch gefroren beim Verbraucher ankommen sollte. Bei der Qualität der Ware und dem Preis-Leistungs-Verhältnis bestehen zum Teil jedoch große Unterschiede, darum testen Sie besser mehrere Anbieter! Zumeist können Sie zwischen verschiedenen Verpackungsgrößen wählen, wobei sich für eine Einzelkatze eher kleinere Portionen anbieten. Für den B.A.R.F.-Einsteiger sind besonders »Startersets« hilfreich. Diese bestehen aus kleinen Portionen unterschiedlicher Fleischsorten und Innereien. So können Sie ausprobieren, welche Vorlieben und Abneigungen Ihr Stubentiger hat!

Tiefkühlfleisch und Ergänzungsfuttermittel können Sie inzwischen auch über das Internet bestellen, der Preis-Leistungs-Vergleich lohnt aber!

Frischfleisch

Schnäppchen gibt es nicht nur an der Fleischtheke des Supermarktes! Denken Sie daran: B.A.R.F. wird in den Medien als naturnahe Ernährung der Fleischfresser gerühmt. Dann sollte Ihnen aber auch die Fütterung und Haltung der jeweiligen Nutztiere nicht gleichgültig sein, welche bei einem Fleischpreis von 3 € pro kg Rindfleisch kaum artgerecht gewesen sein können. Wer um die Herkunft des Fleisches wissen will, kauft also besser beim örtlichen Metzger oder sogar Biobauern frische Ware für den eigenen Stubentiger ein. Meist bieten diese zu einem günstigen Preis Fleischteile an, für die der Metzger keine Verwendung hat oder die aus optischen Gründen nicht mehr für den menschlichen Verzehr geeignet sind. Selbst Metzgereien speziell für den Vierbeiner sind zu finden. Daneben ist auch bei anderen lokalen Anbietern der Einkauf lohnend: Am Wochen- oder Bauernmarkt gibt es Hühnerhälse, Hühnerflügel, Hühnerherzen. In Fischgeschäften können Sie nach Lachsköpfen fragen. Falls Sie Sorge wegen der Gräten haben: Einfach den Fisch im Ganzen wolfen oder pürieren! Nicht zuletzt geben oftmals Jäger aus der Umgebung Wildfleischreste ab. So lässt sich der Speiseplan für Ihren Vierbeiner sehr vielfältig gestalten!

Ergänzungsfuttermittel

Die Zahl der Anbieter für die verschiedenen Futterzusätze wie z. B. Eierschalenmehl, Lachs-Öl, Lebertran, Mineralergänzungen oder Vitaminpasten ist im Laufe der letzten Jahre stark gestiegen. Andere Nahrungsergänzungsmittel wie Heilerde, Spirulina, Chlorella oder Hagebutten sind gleichfalls im Angebot, aber nicht unbedingt notwendig. Sie sollten also die Zusammensetzung der Futterzusätze kritisch prüfen (→ Seite 29), nur so sind Überversorgung wie auch Mangel an Nährstoffen zu vermeiden. Geben Sie z. B. regelmäßig fleischige Knochen oder Eierschalen in die Ration, dann achten Sie auf Futterzusätze ohne Kalzium. Frisst Ihr Stubentiger gerne Leber, so sollte dem Nahrungsergänzungsmittel kein Vitamin A zugesetzt worden sein.

Fertig-B.A.R.F.-Produkte

Seit einiger Zeit werden von verschiedenen Händlern sogenannte »Fertig-B.A.R.F.-Mischungen« angeboten, um den Tierbesitzern die tägliche Zubereitung der Rohkost zu erleichtern. Diese Produkte enthalten verschiedene Fleischsorten, dazu Innereien (z. B. Hühnermagen, Leber, Herzen, Rinderpansen) und fleischige Knochen sowie Gemüse oder Obst. Ergänzt wird häufig mit Leinöl und Zusätzen wie Kräutern, Algen oder auch Eierschalenmehl. Meist wird vom Hersteller garantiert, dass für eine bedarfsdeckende Versorgung keine weiteren Zusätze notwendig sind. Die Überprüfung vieler »Fertig-B.A.R.F.-Mischungen« zeigte jedoch, dass häufig eben keine optimale Versorgung gewährleistet ist: So fehlt es meist an den Spurenelementen Zink und Kupfer und auch an Vitamin D. Kalzium und Phosphor sind hingegen aufgrund der fleischigen Knochen oftmals reichlich enthalten. Im Hinblick auf eine bedarfsorientierte Versorgung mit allen Mineralien, Spurenelementen und Vitaminen müssen demnach auch »Fertig-B.A.R.F.-Mischungen« kontrolliert und gegebenenfalls durch geeignete Zusätze ergänzt werden.

Achten Sie auf Abwechslung im Einkaufskorb! Je vielseitiger die Ernährung, desto leichter gelingt im Krankheitsfall eine Futterumstellung.

Handwerkszeug und Küchenhygiene

Rohes Fleisch, ganze Fische, Knochen zerteilen, Eierschalen zerreiben – für manchen mag sich die Frage stellen, welche Küchenutensilien für die Zubereitung von B.A.R.F. notwendig und geeignet sind! Doch hier kann Entwarnung gegeben werden: Das meiste davon lässt sich in jedem gut sortierten Haushalt finden! Nur dass aus hygienischen Gründen eine strikte Trennung zwischen Menschen- und Katzenkost eingehalten werden sollte!

Hauptsache scharf

Das wichtigste Hilfsmittel überhaupt ist ein scharfes Messer. Mit diesem lassen sich Fleisch, Fisch und Innereien in kleine Stücke schneiden. Die Zerteilung von fleischigen Knochen wie Hühnerhälsen oder -flügeln gelingt hingegen am besten mit einer Geflügelschere. Unter Umständen leistet auch ein Fleischwolf wertvolle Dienste, sofern Ihre Katze noch nicht daran gewöhnt ist, größere Stücke von Fleisch, Innereien und vor allem Knochen zu fressen. Bei Fisch mit Gräten wird zudem die Verletzungsgefahr minimiert. Für kleinere Mengen und Knochen, wie sie in das Katzenfutter gehören, genügt durchaus ein Handfleischwolf!

Keine Chance für »Trennkost«

Katzen sind wahre Meister im Aussortieren weniger beliebter Nahrungsbestandteile. Darum sollten Sie Gemüse nur fein zerkleinert der Ration beigegeben, damit Ihr Vierbeiner dieses und die darin enthaltenen Ballaststoffe auch wirklich aufnimmt. Geeignete Sorten wie Möhre oder Zucchini können Sie mit einer Muskatreibe in feine Streifen raspeln, ansonsten verarbeitet ein leistungsstarker Mixer oder Pürierstab die Rohkost zu Brei. Beides lässt sich leichter unter das Futter mischen. Mixer und Pürierstab sind auch für die Herstellung von Eierschalenmehl geeignet(→ Seite 28) , allerdings können die Schalen ebenso gut in einem Mörser zu feinem Pulver zerrieben werden.

Fleisch, das explizit als Tierfutter ausgewiesen ist, hat in Ihrem eigenen Kühlschrank nichts verloren.

Das richtige Maß

Für Einsteiger ist die Küchenwaage unverzichtbarer Helfer, mit ein wenig Erfahrung können Sie die notwendige Futtermenge aber schon bald gut abschätzen. Wenn Ihre Katze jedoch zu Übergewicht neigt, sollten Sie die Tagesmenge an Fleisch, Öl oder eventuell auch Kohlenhydraten grundsätzlich genau abwiegen, um eine Energieüberversorgung zu vermeiden. Leckerli unbedingt mit einberechnen! Vorsicht ist auch bei der Verfütterung von fleischigen Knochen geboten, ein Zuviel führt hier rasch zu Verstopfung. Zudem werden viele notwendige Zusätze in sehr geringen Mengen von 0,35 – 1 g unter das Futter gemischt. Für eine 100-prozentige Dosierung ist hierbei eine Brief- oder Feinwaage hilfreich, mit der selbst kleine Mengen zuverlässig bestimmt werden können. Als Faustregel gilt aber, dass 0,2 g der meisten Zusätze in etwa einer Messerspitze entsprechen, bei Eierschalenmehl 5 g einem Teelöffel.

Hygiene ist wichtig

Sofern Sie das Fleisch als Tierfutter aus dem Zoofachhandel oder über das Internet bezogen haben, müssen Sie die Nahrungszubereitung für die Katze strikt von der des Menschen trennen. Haben Sie dagegen bei Ihrem Metzger für sich und Ihre Katze eingekauft, gelten die normalen Hygieneregeln:

› Lagern Sie die für die Katze vorgesehenen Nahrungsmittel in entsprechend gekennzeichneten Behältern in einem Tiefkühlgerät.

› Lassen Sie einzelne Portionen bei Bedarf langsam und ohne Verpackung auftauen. Dies sollte vorzugsweise im Kühlschrank, aber getrennt von der menschlichen Nahrung erfolgen.

› Planen Sie für den Auftauvorgang etwa 12 – 24 Stunden ein, die aufgetaute Ware darf nicht wieder eingefroren werden und muss innerhalb von zwei Tagen verbraucht sein. Abtropfwasser, vor allem vom Geflügel, sollte nicht mitverarbeitet werden.

Verwenden Sie Arbeitsgeräte aus Plastik oder Metall, die sich gut mit Wasser und Spülmittel abwaschen lassen und spülmaschinenfest sind!

› Bewahren Sie die Zutaten bis zur Verarbeitung im Kühlschrank auf, das fertige Futter sollten Sie Ihrer Katze jedoch auf Raumtemperatur servieren.

› Nach der Zubereitung ist eine gründliche Säuberung der Arbeitsfläche mit heißem Wasser und Spülmittel nötig. Desinfektion ist nicht erforderlich.

› Verwenden Sie Schneidebretter aus Plastik oder Metall, diese lassen sich leichter abwaschen als solche aus Holz. Noch besser ist ein Waschgang in der Spülmaschine bei höchster Temperatur!

› Der Katzennapf gehört getrennt von Ihrem eigenen Geschirr ausgewaschen und gespült. Verwenden Sie hierzu einen extra Spülschwamm und gesonderte Geschirrtücher.

› Hygiene auch im Umgang mit der Katze: Bitte immer Hände waschen und nicht ablecken lassen!

Salmonellen und Co.

Ob frisch gekauft oder aufgetaut, wichtig ist, dass das Fleisch nicht eigenartig riecht. Ein säuerlicher oder muffiger Geruch weist immer auf eine bakterielle Besiedelung hin. Die Keimbelastung bei rohem Fleisch kann je nach Herkunft und Lagerung des Fleisches erhöht sein. Da die meisten Nutztiere im Stall gehalten werden, wo nur eine bedingte Trennung von Futter-, Liege- und Kotplätzen möglich ist, kommen sie mehr oder weniger stark verschmutzt im Schlachthof an. Eine vollständige Keimfreiheit des daraus produzierten Fleisches ist kaum möglich. Neben den hygienischen Verhältnissen bei der Schlachtung sind aber auch die darauffolgenden Lagerbedingungen und das Einhalten einer strikten Kühlkette entscheidend.

Vorsicht, Infektionsgefahr!

Bestimmte Bakterien wie Salmonellen, Clostridien, Campylobacter, Staphylokken oder enterohämorrhagische Escherichia-coli-Stämme (EHEC) können beim Menschen schon in geringer Zahl zu einer Infektion führen. Dabei lassen sich Salmonellen und Campylobacter vor allem bei Geflügelfleisch und Eiern nachweisen, Rindfleisch hingegen ist vorrangig ein Überträger für E. coli, Schweinefleisch für Yersinien. Gerade Salmonellen und Yersinien werden durch Tiefkühlen nicht abgetötet, sondern lediglich in ihrer Vermehrung gebremst. Werden entsprechend besiedelte Fleischwaren nach dem Auftauen noch längere Zeit im Kühlschrank gelagert, können sich diese Verderbniskeime wieder ungehindert ausbreiten. Bei der gesunden Katze führt eine erhöhte Belastung des Futters selten zu sichtbaren Krankheitssymptomen. Gefährdet sind vielmehr Sie als Besitzer, und das in zweierlei Hinsicht. Zum einen sind Sie für die Zubereitung des Fleisches zuständig, weshalb die Einhaltung gewisser Hygieneregeln (→ Seite 45) zwingend ist. Zum anderen kann Ihre Katze, auch wenn sie nicht erkrankt ist, die Erreger dennoch über Speichel und Kot ausscheiden und somit auf den Men-

Salmonellen rufen bei der Katze meist keine Erkrankung hervor, sie kann die Erreger aber ausscheiden und auf Menschen übertragen.

Verwenden Sie für Katzennahrung gesonderte Aufbewahrungsbehälter und spülen Sie diese nach jedem Gebrauch gründlich in heißem Wasser aus.

Nur **kein schlechtes Gewissen!**

Sie haben aus gesundheitlichen Gründen Bedenken, Rohfleisch zu füttern? Seien Sie beruhigt, Sie können Ihre Katze trotzdem hochwertig ernähren, es muss ja nicht gleich Fertigfutter sein!

TATSACHE Die meisten Bakterien und Parasiten werden durch zehnminütiges Erhitzen über 70° C Kerntemperatur sicher abgetötet.

VORURTEIL Gekochtes Fleisch ist weniger wertvoll für die Ernährung der Katze.

KOCHEN Da Fleisch fast keine Vitamine enthält, ist der Verlust durch Kochen zu vernachlässigen. Ausnahme ist die Leber mit Vitamin A und B.

NICHT IMMER tötet die Magensäure alle Bakterien zuverlässig ab, die Katze ist dann Ausscheider!

schen übertragen. Und wer möchte nicht alles den Schmusetiger streicheln! Kleinkinder, ältere Menschen, Schwangere, Menschen mit Erkrankungen des Immunsystems oder einer immunsuppressiven Therapie können bereits durch wenige Bakterien ernsthaft erkranken (Erbrechen, Durchfall, Fieber).

Sonstige Störenfriede

Auch Toxoplasmen sind eher für den Menschen als für die Katze gefährlich. Diese Einzeller werden ebenfalls durch den Verzehr von rohem Fleisch auf Ihren Stubentiger übertragen. Dort vermehren sie sich im Darm, weshalb Ihre Katze dann infektiöse Stadien ausscheidet. Ansteckungsgefahr für Sie besteht bei Kuschelkontakt, Reinigung der Katzentoilette, eventuell sogar bei der Gartenarbeit, denn Katzen verscharren ihren Kot. Bei gesunden erwachsenen Menschen bleibt die Infektion meist ohne Symptome. Eine Erstinfektion in der Schwangerschaft kann jedoch bei dem ungeborenen Kind zu schweren Entwicklungsstörungen und sogar zum Tod führen. Für die Katze selbst stellen eher die durch Rohfleisch übertragenen Wurmarten oder sonstigen Darmparasiten ein Problem dar. Rind- und Schweinefleisch können beispielsweise inaktive Vorstufen der Bandwürmer enthalten, sogenannte Finnen, die nach dem Verzehr von rohem Fleisch in der Katze aktiviert werden. Durchfall ist die Folge, teilweise kann es auch zur Abwanderung von Wurmlarven in Muskulatur, Herz, Leber und Gehirn kommen. Tiefgefrieren bei –18° C für mindestens eine Woche rückt den meisten Parasitenstadien zu Leibe. Allerdings wird in den haushaltsüblichen Tiefkühlgeräten oftmals nur ein Tiefstwert von –5° C erreicht. Auf das für Katzen gefährliche Aujeszky-Virus in rohem Schweinefleisch wurde bereits an anderer Stelle hingewiesen (→ Seite 17).

Wie stellt man auf Rohfütterung um?

Auch wenn Sie selbst noch so überzeugt von B.A.R.F. sind, Ihr Stubentiger muss es zunächst nicht unbedingt sein! Gerade Katzen, die schon von klein auf an eine bestimmte Fütterungsart wie zum Beispiel Trockenfutter gewöhnt sind, werden sich nicht ohne Weiteres von den Vorzügen der Rohfütterung überzeugen lassen. Haben Sie als Besitzer aber schon immer für Abwechslung auf dem Speiseplan gesorgt, dann wird Ihr Vierbeiner die Vielseitigkeit der Rohkost bestimmt auch eher schätzen lernen. Setzen Sie sich und Ihre Katze nicht unter Druck! Die Umstellung auf B.A.R.F. muss und darf nicht von heute auf morgen erfolgen. Auch ist es in der Phase der Umstellung noch nicht so entscheidend, dass das Futter alle notwendigen Zusätze enthält. Erst wenn Sie Ihre Katze ausschließlich mit B.A.R.F. ernähren, muss die Ration ausgewogen sein. Falls Sie sich hinsichtlich Menge und Zusammenstellung noch unsicher fühlen, können Sie auch einen Fachtierarzt für Tierernäh-

»Medium« statt »raw«: Bis sich Ihre Katze an die Rohfütterung gewöhnt hat, können Sie das Fleisch mit kochendem Wasser überbrühen. Außen gegart und nur innen roh wird es anfangs besser akzeptiert.

rung und Diätetik zurate ziehen. Individuell für Ihre Katze berechnete Futterpläne werden Ihnen den Einstieg in die Rohfütterung erleichtern.

Aller Anfang ist schwer!

Doch wie genau ist dieser Einstieg durchzuführen?

› Die Futterumstellung auf rohes Fleisch sollte langsam innerhalb von 14 Tagen erfolgen.

› In dieser Zeit muss alternativ auch das alt bekannte Futter für Ihre Katze bereitstehen.

› Bieten Sie das Rohfleisch zunächst nur als kleine Zwischenmahlzeit oder Leckerli an und beobachten Sie genau, wie Ihre Katze darauf reagiert.

› Ist sie einem frischen Stückchen vom Rindergulasch nicht abgeneigt, dann können nach und nach die Mahlzeiten ausgetauscht werden.

› Die Akzeptanz von rohem Fleisch ist auch abhängig von der Größe der Futterstücke. Probieren Sie doch einfach aus, ob Ihr Vierbeiner das Fleisch püriert, gehackt oder in Stückchen bevorzugt!

› Anfangs sollten Sie Ihrer Katze nur das rohe Fleisch ohne weitere Zusätze anbieten. All diese Dinge erhöhen nicht gerade die Schmackhaftigkeit!

› Wird rohes Fleisch nach 14 Tagen gut akzeptiert, so können Sie pro Woche einen neuen Zusatz ergänzen. Beginnen Sie in der dritten Woche mit geraspeltem Gemüse oder ersatzweise Zellulose und fügen Sie dann in der vierten Woche Eierschalen, in der fünften Woche eine Mischung für die Spurenelemente und in der sechsten Woche Blutmehl hinzu. Auf diese Weise können Sie kontrollieren, ob Ihre Katze die Zusätze gut akzeptiert.

› Frisst sie die komplette Ration gerne und zügig auf, können Sie das bisherige Futter weglassen.

› Achten Sie bei Gabe fleischiger Knochen unbedingt auf den Kotabsatz Ihrer Katze. Diese können zu Verstopfung führen (→ Seite 52).

Umstellung auf **B.A.R.F.**

TIPPS VON DER FUTTER-EXPERTIN
Natalie Dillitzer

Mit ein paar einfachen Tricks können Sie Ihre Katze vielleicht schon eher von den Vorzügen der Rohfütterung überzeugen!

ALS »SNACK« Kleine Stückchen Rohfleisch, mit gemahlenem Trockenfutter paniert und als Leckerli gereicht, verführen oft sogar die Trockenfutter-Liebhaber unter den Katzen!

GEHACKTES Hat Ihr Stubentiger bislang Dosenfutter bevorzugt, können Sie das rohe Fleisch als Gehacktes »unauffällig« untermischen.

ÜBERBRÜHT Überbrühen Sie anfangs das Fleisch mit kochendem Wasser. So ist es äußerlich gegart und nur innen roh. Auch bei Fisch können Sie durch kurzes Anbraten die Akzeptanz bei Ihrem Vierbeiner verbessern.

FÜR GOURMETS Gänseschmalz und Butter verfeinern jede Ration. Doch bitte nicht mehr als einen Teelöffel für ein 4 kg schweres Tier.

INNEREIEN Pansen, Lunge, Milz und Niere sind eher kein Gaumenschmaus. Darum erst vier Wochen nach der Umstellung ausprobieren.

Anpassung ist nötig

Die Verwertung von Eiweiß, Kohlenhydraten oder Fetten wird durch Verdauungsenzyme der Bauchspeicheldrüse sowie der Schleimhaut von Magen und Dünndarm gewährleistet. Die Menge der verschiedenen Enzyme passt sich im Laufe der Zeit an die angebotene Nahrung an. Auch die

Katzen trinken von Natur aus wenig, darum sollte ihre Nahrung einen Feuchtigkeitsgehalt von etwa 70 % haben. B.A.R.F. ist optimal geeignet!

Darmflora ändert sich je nach Eiweißgehalt des Futters oder dem Vorhandensein von Ballaststoffen. Bei einer abrupten Futterumstellung von Fertigfutter auf B.A.R.F. können unter Umständen die Enzyme und die Bakterien des Darms die Futterbestandteile nicht ausreichend verdauen. Ein Großteil des Futters gelangt so in den Dickdarm, wo es bakteriell umgesetzt wird. Die dabei entstehenden Abbauprodukte binden Wasser im Darm, zudem kann sich auch die Bakterienzusammensetzung verschieben, Durchfall ist die Folge. Um diese Entwicklung zu unterbinden, sollte die Futterumstellung langsam erfolgen, damit sich die Enzymausstattung des Magen-Darm-Traktes und die Bakterienflora des Dickdarmes an das neue Nahrungsangebot anpassen können.

Schritt für Schritt

Frisst Ihre Katze aktuell Trockenfutter, so können Sie ihr anfangs zwei bis dreimal täglich ein Stückchen Fleisch oder einen Teelöffel Rinderhackfleisch separat anbieten. Bei Feuchtnahrung mischen Sie pro Portion etwa einen Teelöffel gewolftes Fleisch hinzu. Um unerwünschte Zunahmen durch diese zusätzliche Energiequelle zu vermeiden, sollten Sie die Fertigfuttermenge entsprechend reduzieren: Geben Sie beispielsweise 40 g Rohfleisch hinzu, müssen Sie Feuchtfutter um den gleichen Anteil vermindern (40 g), Trockenfutter jedoch nur um ein Viertel der zusätzlich angebotenen Menge (10 g). Wird diese Ration gerne gefressen und gut vertragen, sollten Sie etwa zwölf Stunden bis zum nächsten Kotabsatz abwarten. Ist dieser wie gewohnt, können Sie an den folgenden Tagen die Fertigfuttermenge entsprechend durch Rohfleisch ersetzen.

Mischen – ja oder nein?

Im Rahmen der Umstellung werden Fertigfutter und Rohfleisch vorübergehend parallel angeboten oder auch vermischt. Immer wieder wird die Meinung

Manchmal ist es gut, wenn Ihre Katze an beides gewöhnt ist: B.A.R.F. und Fertigfutter. Das macht die Versorgung im Urlaub leichter!

B.A.R.F. und **Fertigfutter**

Falls Ihre Katze eine Kombination aus B.A.R.F. und Fertigfutter verträgt, sind hinsichtlich ihres Nährstoffbedarfs folgende Rationen ausgeglichen:

ROHFLEISCH UND TROCKENFUTTER Bieten Sie einmal täglich 15 g des Trockenfutters »Royal canin Oral Care« an. Bereiten Sie außerdem entsprechend den vorangegangenen Rezeptvorschlägen eine B.A.R.F.-Ration aus 110 g rohem Rindfleisch, etwa 25 g Möhre, ½TL Öl sowie 0,6 g Eierschalen- und 0,2 g Seealgenmehl zu.

ROHFLEISCH UND FEUCHTFUTTER Neben 100 g Whiskas Feuchtfutter in Sauce erhält Ihre Katze hier B.A.R.F. aus 100 g magerem Rindfleisch, 25 g Zucchini, ½ TL Öl sowie 0,6 g Eierschalen- und 0,2 g Seealgenmehl.

vertreten, dass beide Fütterungsarten aufgrund der unterschiedlichen Verdauungszeiten nicht gleichzeitig angeboten werden dürfen. Nun, püriertes Rindfleisch hat natürlich eine kürzere Verweildauer im Magen als Trockenfutterkroketten, wie aber auch ein Hühnerhals länger im Magen bleibt als Dosenfutter. Fakt ist, dass die Magenentleerung erst stattfindet, wenn das gesamte Futter ausreichend durch die Magensäure vorverdaut wurde. Dieser Vorgang nimmt etwa 1 – 1,5 h in Anspruch, die weitere Verdauung im Darm dauert nochmals 8 – 10 h. Dass beide Futtersorten nicht zusammen gegeben werden dürfen, ist wissenschaftlich nicht erwiesen. Auch hier gibt es eben individuelle Unterschiede: Tiere mit einem empfindlichen Magen-Darm-Trakt können Durchfall und Erbrechen zeigen, unempfindliche tolerieren die Kombinationsfütterung jedoch ohne Probleme.

Kombinationsfütterung

Sofern es Ihre Katze verträgt, sowohl B.A.R.F. als auch Fertigfutter über den Tag verteilt angeboten zu bekommen, hat diese Art der Kombinationsfütterung durchaus ihre Vorteile. Auf diese Weise kann die Versorgung Ihres Vierbeiners während des Urlaubs oder im Krankheitsfalle leichter sichergestellt werden. Aufgrund der oft reichlichen Mineralisierung und Vitaminisierung in der Fertignahrung können Sie zudem auf einige Zusätze im Rohfutter verzichten. Allerdings muss dann auch die Gabe von fleischigen Knochen oder Leber entfallen, da kommerzielle Futtermittel meist reichlich Kalzium und Phosphor bzw. Vitamin A enthalten. Auch hier kann eine rechnerische Überprüfung der Ration durch einen Fachtierarzt für Tierernährung und Diätetik sinnvoll sein, um sowohl einer Über- als auch einer Mangelversorgung vorzubeugen.

Probleme, die auftreten können

Bei der Futterumstellung müssen Sie nicht nur darauf achten, ob und was Ihre Katze gerne frisst, sondern auch, wie sie die angebotene Nahrung verträgt. Ein wichtiges Kriterium hierfür ist neben dem Allgemeinbefinden Ihres Vierbeiners auch die Beschaffenheit von dessen Hinterlassenschaften. Veränderungen in der Kotmenge, -farbe bzw. -konsistenz lassen sich beim täglichen Reinigen der Katzentoilette gut beobachten.

Unverdauliche Nahrungsbestandteile oder Haare können mithilfe von Gras herausgewürgt werden.

Kein Anlass zur Sorge

Der Kot sollte immer geformt sein. Bei Gemüsefütterung ist es ganz normal, wenn Sie teilweise noch unverdaute Gemüsestücke wie Möhrenraspeln darin finden, da diese im Darm der Katze nicht verdaut werden können. Sie dienen als Ballaststoff zur Anregung der Darmbewegungen. Nach der Fütterung von Knochen ist die Kotmenge größer und die Farbe eher weißlich.

Verstopfung

Ein Zuviel an Knochen kann jedoch rasch zu Problemen beim Kotabsatz führen. Ihr Stubentiger sucht dann immer wieder die Katzentoilette auf, verharrt dort lange und presst vergeblich auf Kot. Gelingt es ihm, eine kleinere Menge abzusetzen, ist dieser meist weißlich, sehr hart und wird deswegen als »Knochenkot« bezeichnet. Hat Ihre Katze über mehrere Tage keinen Kot, besteht der Verdacht auf Verstopfung. Auf Knochenfütterung sollte dann vorerst verzichtet werden. Auch bei reiner Muskelfleischfütterung fehlen Ballaststoffe zur Anregung der Darmmotilität. Verweigert Ihre Katze geraspeltes oder püriertes Gemüse, können Sie stattdessen Zellulose als Faserpulver mit Wasser anmischen und unter das Fleisch geben. Die Zugabe einer größeren Menge Öl (mehr als 1 TL pro 4 kg) wirkt bei empfindlichen Tieren ebenfalls abführend. Lässt sich der Kotabsatz jedoch nicht regulieren (→ Information rechts), sollten Sie besser einen

Tierarzt aufsuchen, da Verstopfungen durch starke Beschädigung der Darmschleimhaut sogar lebensbedrohlich werden können.

Durchfall

Ist der Kot hingegen nicht geformt, sondern weich, breiig oder matschig, besteht ein Verdauungsproblem. Ursache dafür kann zum einen eine zu schnelle Futterumstellung sein (→ Seite 50). Geben Sie kleinere Mengen des neuen Futters unter die gewohnte Ration, dann können Sie rasch Abhilfe schaffen. Manche Katzen reagieren aber auch auf Laktose (→ Seite 22), weshalb Sie vorerst besser keine Milchprodukte verfüttern sollten. Nach Normalisierung der Kotkonsistenz besteht die Möglichkeit, laktosefreie Erzeugnisse zu geben. Bei einer Futtermittelallergie gegen Eiweißbestandteile hat der weiche Kot einen schleimigen Überzug, vergleichbar einer »Wurstpelle«. Nicht zuletzt kann bei Rohfleischfütterung auch eine Infektion mit Bakterien wie Salmonellen oder Campylobacter vorliegen. Insbesondere wenn der Kot dünnflüssig ist, Blutbeimengungen enthält und gleichzeitig Erbrechen auftritt, sollten Sie einen Tierarzt zur Abklärung der genauen Ursache aufsuchen.

Erbrechen

Viele Ursachen kommen infrage, im Rahmen der Futterumstellung ist es aber oftmals durch die ungewohnte Knochenfütterung bedingt. Sind die abgeschluckten Stücke zu groß, können sie von der Magensäure nicht zersetzt werden und den Magen nur in umgekehrter Richtung verlassen. Nach Aufnahme einer sehr eiweißreichen Ration aus Fleisch, Milchprodukten und Ei reagiert der Magen oftmals mit vermehrter Magensäurebildung. Diese sogenannte Hyperacidität löst ebenfalls Erbrechen aus.

Bewährte **Hausmittel**

PROBLEM	DAS KÖNNTE HELFEN
VERSTOPFUNG	Viel Wasser im Futter untergemischt fördert den Kotabsatz genauso wie viel Auslauf und Bewegung. Zudem können Öl, rohe Leber, Milchprodukte und Möhren oder Zusätze wie Laktose, Laktulose oder Pektin abführend wirken.
DURCHFALL	Sie können versuchen, die Kotkonsistenz durch Flohsamen, Zellulose oder pürierte Möhren zu regulieren. Bei anhaltendem Durchfall sollten Sie den Tierarzt aufsuchen. Nach Abklärung der Ursache kann er eine geeignete Behandlung einleiten.
ERBRECHEN	Tritt auch bei zu viel Fleisch in der Ration auf, da dann vermehrt Magensäure gebildet wird. Gekochte Kartoffeln wirken durch ihren hohen Gehalt an Kalium neutralisierend.
BLÄHUNGEN	Sie sind bei der Katze vor allem durch bindegewebsreiche Innereien bedingt. Hühnerherzen, Pansen, Euter und Leber sollten Sie dann besser nicht zugeben.
MAGERE KATZE	Fette Fleischsorten, aber auch 1 TL Öl, Gänseschmalz oder Butter erhöhen die Kalorien.
DICKE KATZE	Geraspeltes Gemüse oder Zellulosepulver steigert den Rohfasergehalt der Ration, dadurch werden auch allzeit hungrige Katzen satt.

Barfen bei Krankheiten

Im Krankheitsfall kann B.A.R.F. an die individuellen Bedürfnisse der Katze angepasst werden und trotzdem noch ein geschmackliches Erlebnis darstellen. Bei den speziellen Erkrankungen gibt es jedoch einige Punkte zu beachten:

Futtermittelallergie

Eine Futtermittelallergie stellt eine Überreaktion des Immunsystems auf Eiweißbausteine in der Nahrung dar. Sie kann in jeder Lebensphase erworben werden. Die Symptome reichen von Juckreiz bis hin zu Durchfall oder weichem, schleimigem Kot. Entzündungserscheinungen an den Augen, Ohren, der Haut oder den Analdrüsen kommen begleitend hinzu. Als Allergene wirken meist Eiweiße von Huhn, Pute, Rind oder auch Soja und Reis. Bei einer sogenannten Ausschlussdiät wird die Anzahl der gefütterten Komponenten auf ein Minimum reduziert. Die Katze erhält vorerst nur eine Eiweißquelle wie beispielsweise Pferd, Känguru,

B.A.R.F. lässt sich gut auf individuelle Ansprüche Ihres Vierbeiners abstimmen. Im Erkrankungsfall können Sie so optimale Bedingungen für eine erfolgreiche Immunabwehr schaffen.

Reh oder Strauß, bei einem hohen Energiebedarf können zusätzlich Kohlenhydrate wie gekochte Süßkartoffeln oder Hirse gefüttert werden. Der Patient sollte die jeweilige Eiweiß- und Kohlenhydratquelle noch niemals zuvor aufgenommen und dementsprechend auch keine Allergie darauf entwickelt haben. Für eine bedarfsdeckende Versorgung muss nach spätestens acht Wochen eine für Allergiker geeignete Vitamin-Mineralstoff-Mischung zugegeben werden. Weitere sinnvolle Ergänzungen sind Fasern wie Zellulose zur Vermeidung von Kotabsatzbeschwerden sowie Fischöl mit der Omega-3-Fettsäure EPA, welche das Entzündungsgeschehen bei einer Allergie vermindern kann. Auch wenn es Ihnen schwer fällt: Während der Ausschlussdiät dürfen keine anderen Futterkomponenten oder Leckerli angeboten werden.

Nierenerkrankung

Häufig büßen die Nieren bei älteren Katzen an Funktionalität ein. Aber auch Infektionen oder genetisch bedingte Fehlentwicklungen können schon im jungen Alter zu einer Einschränkung der Nierenfunktion führen. Zusammen mit der Leber sind die Nieren die Entgiftungsorgane des Körpers. Da die Stoffwechselprodukte des Eiweißabbaus über die Nieren ausgeschieden werden, muss eine bedarfsorientierte Eiweißversorgung gewährleistet sein. Zudem ist auf den Phosphorgehalt der Ration zu achten, da dieser zu einer weiter fortschreitenden Nierenverkalkung führt. Beides lässt sich durch die Fütterung von fetteren Fleischsorten und Kohlenhydraten erreichen. Außerdem sind im Handel spezielle nierenschonende Vitamin-Mineralstoff-Mischungen erhältlich. Lebensverlängernd wirken Lachs-Öl-Präparate, die ihre entzündungshemmende Wirkung direkt in den Nieren entfalten.

Harnkristalle

Katzen trinken von Natur aus wenig Wasser. In Verbindung mit reichlicher Knochenfütterung und falscher Mineralisierung der B.A.R.F.-Ration können Struvit- und Kalziumoxalatkristalle entstehen. Um dieses Risiko zu minimieren, sollte Ihre Katze genug Wasser aufnehmen (→ Seite 35, 57).
Sind bereits Harnkristalle nachgewiesen, ist eine genaue individuelle Rationsberechnung anzuraten.

Schilddrüsenerkrankung

Eine Schilddrüsenüberfunktion tritt bei der Katze im mittleren bis höheren Alter auf und ist durch einen Anstieg entsprechender Hormone im Blut gekennzeichnet. Ursächlich kommt vor allem eine tumoröse Entartung infrage. Neben starker Gewichtsabnahme bei gutem Appetit sind eine hohe Herzfrequenz, eventuell auch Durchfall kennzeichnend. Die medikamentöse Behandlung kann diätetisch unterstützt werden durch die Überprüfung des Jodgehalts im Futter und die Angleichung entsprechender Zusätze (Seealgen) an den tatsächlichen Jodbedarf der Katze. Schlundfütterung ist nicht anzuraten (→ Seite 23).

B.A.R.F. **variieren**

ÜBERGEWICHT Geben Sie Ihrer Katze weniger Fleisch und viel Gemüse. So bleibt die Ration energiearm, ist aber doch so reichlich, dass ein gewisses Sättigungsgefühl erzielt wird.

ERKRANKUNGEN von Niere, Leber oder Probleme mit Harnkristallen erfordern hinsichtlich der Eiweiße und Mineralien eine streng bedarfsorientierte Ration. Hier ist Teilbarfen besser geeignet.

Lebererkrankung

Ursache hierfür können Infektionen, Stoffwechselerkrankungen oder Tumore sein. Neben einer Vielzahl von Funktionen ist die Leber auch für den Abbau und die Entgiftung (Ammoniak) von Produkten aus dem Eiweißstoffwechsel zuständig. Achten Sie im Falle einer Erkrankung darauf, Ihren Patienten zwar ausreichend, aber nicht über Bedarf mit Proteinen zu versorgen. Auf bindegewebsreiche Fleischsorten wie Innereien ist besser zu verzichten. Wie bei der Nierendiätetik sollten Sie auch hier einen Teil der Energie über eine größere Menge an gekochten Kohlenhydraten zur Verfügung stellen, Öle und Fette aber nur sparsam verwenden. Geeignet sind zudem spezielle Vitamin-Mineralstoff-Mischungen, die nur wenig Kupfer und Vitamin A enthalten, da beides in der Leber gespeichert wird. Durch die Gabe von Pektinpulver oder Laktulose kann die Bildung von Ammoniak im Dickdarm reduziert werden, eventuell empfiehlt sich die Zugabe von Aminosäure-Konzentraten (Taurin, L-Carnithin), um die Lebertätigkeit zu unterstützen.

Bauchspeicheldrüsenerkrankungen

Die Bauchspeicheldrüse liefert Enzyme zur Verdauung von Eiweißen, Fetten und Kohlenhydraten, bei einer Unterfunktion ist deren Produktion jedoch zu gering. Die Katze frisst viel, ist dabei abgemagert und setzt große Kotmengen ab. Grundsätzlich sollte die Ration hochverdaulich und fettarm sein. Ersatzpräparate für fehlende Enzyme sind erhältlich, müssen aber vor dem Verfüttern zugesetzt werden, um die Nahrungsbestandteile vorab anverdauen zu können. Dies nimmt bei Raumtemperatur vier, im Kühlschrank zwölf Stunden in Anspruch.

Tumor

Die diätetischen Möglichkeiten bei einer bestehenden Tumorerkrankung sind leider sehr begrenzt. Die Fütterung sollte fett- und eiweißreich, aber kohlenhydratarm sein, da ein Tumor seine Energie über schnell verfügbare Glukose aus Kohlenhydraten bezieht. Eine optimale Versorgung mit Vitaminen und Spurenelementen schafft bestmögliche Bedingungen für eine erfolgreiche Immunabwehr.Rezepturen für einige der besprochenen Erkrankungen finden Sie auf den nächsten Seiten.

Viele Fertigfuttermittel enthalten Zusätze, die Unverträglichkeiten oder Allergien auslösen können. Beim Barfen bestimmen Sie, was in den Napf kommt.

B.A.R.F. sorgt für Vielfalt im Napf

Durch die Zubereitung einer B.A.R.F.-Ration können Sie Ihrer Katze leckere Geschmacksvariationen bieten. Im Krankheitsfall ist eine Umstellung auf Rohfütterung eine mögliche Alternative zu kommerziellen Fertigdiäten.

Tut gut

- + Katzen lieben Soßen. Bei mäkeligen Fressern hilft es, 1 – 2 TL eines Babygläschens auf Fleischbasis mit etwas Wasser unter das Futter zu mischen.
- + Fleischige Knochen befriedigen das Kaubedürfnis der Katze. Der Kauspaß kann zur Zahnpflege beitragen.
- + Hat die erkrankte Katze keinen Appetit, kann man das Futter mit püriertem Thunfischsaft, Kalbsleber, Gänseschmalz oder Butter verfeinern.
- + Sorgen Sie für verschiedene Wasserstellen. Bewegtes Wasser als Trinkbrunnen, flache Schalen und hohe Gefäße animieren nicht nur zum Pfotenbaden, sondern auch zum Trinken.

Besser nicht

- – Neben rohem Schweinefleisch dürfen Sie Ihrer Katze auch keine rohe Schweineleber anbieten. Diese könnte gleichfalls das Aujeszky-Virus enthalten.
- – Ihre Katze ist Fischliebhaberin? Rohen Fisch trotzdem nur einmal pro Woche füttern, sonst droht B-Vitamin-Mangel.
- – Bei Erbrechen und Durchfall sollte der Speiseplan so wenig Abwechslung wie möglich vorsehen. Besser ist auch, in diesen Fällen keine Knochen zu füttern.
- – Gewöhnen Sie Ihre Katze bei der Umstellung zunächst nur an Rohfleisch. Zusätze wie Eierschalen, Blutmehl oder Mineralien erst ab der 2. Woche zugeben, sie sind nicht gerade schmackhaft.

Für den Tumorpatienten

Eine kohlenhydratarme Ernährung entzieht dem Tumor schnell verfügbare Glukose als Energiequelle.

150 g verschiedene Fleischsorten | 1 St. Möhre oder Brokkoli (25 g) | 1 TL Öl | 2 Msp. Eierschalenmehl (0,8 g) | ½ Mb. Mineralfutter (0,35 g) | ⅓ TL Lebertran pro Woche | 1 Fischölkapsel pro Woche (100 mg EPA) → Tipp Seite 59)

Tagesmenge für eine normalgewichtige Katze mit 4 kg Körpergewicht
12 Min. Zubereitung

1 Verschiedene magere und fette Fleischsorten in kleine, gleichgroße Würfel schneiden oder wolfen.

2 Möhre oder Brokkoli waschen und fein raspeln, eventuell mit kochendem Wasser übergießen.

3 Fleisch, Gemüse und übrige Zutaten mischen.

Allergiediät

Für eine Ausschlussdiät müssen Sie Zutaten verwenden, die Ihre Katze zuvor noch nie verspeist hat.

160 g Pferdefleisch | 15 g Hirse oder 15 g Hirseflocken | 2–4 g Zellulosepulver | 2 Mb. Mineralfutter (1,7 g), geeignet für Allergiker | 1 Fischölkapsel pro Woche (100 mg EPA) → Tipp Seite 59)

Tagesmenge für eine normalgewichtige Katze mit 4 kg Körpergewicht
12 Min. Zubereitung

1 Das Pferdefleisch in kleine Würfel schneiden oder durch den Fleischwolf drehen.

2 Hirse 30 Min. weich kochen oder Hirseflocken mit der dreifachen Menge an Wasser anrühren.

3 Fleisch und Hirse mischen, Zellulose und Mineralfutter unterheben.

Bei Nierenerkrankungen

Eine eiweißreiche Ration würde die Nieren belasten, welche die Abbauprodukte aus dem Proteinstoffwechsel ausscheiden müssen. Darum sollte ein Teil der Energie besser über gekochte Kohlenhydrate bereitgestellt werden.

100 g Entenfleisch oder fetteres Rinderhack
80 g Kartoffeln oder 20 g Kartoffelflocken
1 TL Lachsöl
2–5 g Pektinpulver
2 Msp. Eierschalenmehl (0,8 g)
1 Mb. Mineralfutter (0,7 g)
⅓ TL Lebertran pro Woche
1 Fischölkapsel pro Woche (100 mg EPA)

Tagesmenge für eine normalgewichtige Katze mit 4 kg Körpergewicht
45 Min. Zubereitung

1 Entenfleisch in kleine Würfel schneiden oder durch den Fleischwolf drehen, das Rinderhack kann belassen werden. Das kleingeschnittene Fleisch bzw. Rinderhack gut verrühren.

2 Kartoffel schälen und 30 Min. lang sehr weich kochen, dann mit etwas Wasser pürieren.

3 Alternativ die Kartoffelflocken mit der dreifachen Menge Wasser anrühren.

4 Das Fleisch mit dem abgekühlten Kartoffelbrei gründlich vermischen.

5 Abschließend Öl, Eierschalenmehl und das Mineralfutter zufügen.

TIPP

Die Eicosapentaensäure (EPA) greift als Omega-3-Fettsäure regulierend in Entzündungsprozesse des Körpers ein. Der Katze reicht eine Kapsel pro Woche. Einfach mit einer Nadel anstechen und das Öl ins Futter drücken.

Die **halbfett** gesetzten Seitenzahlen verweisen auf Abbildungen, U = Umschlag, UK = Umschlagklappe.

A

B

D

E

F

G

H

I

J

K

Die Inhalte dieses Buches beziehen sich auf die Bestimmungen des deutschen Tier- bzw. Artenschutzes. In anderen Ländern können die Angaben abweichend sein. Erkundigen Sie sich daher im Zweifelsfall bei Ihrem Zoofachhändler oder bei der entsprechenden Behörde.

Verbände/Vereine

› Fédération Internationale Féline (FIFe), Na Vršku 470/11, CZ-67167 Hrušovany nad Jerišovkou, www.fifeweb.org
› World Cat Federation e. V. (WCF), Geisbergstr. 2, 45139 Essen, www.wcf-online.de
› 1. Deutscher Edelkatzenzüchter-Verband e. V. (1. DEKZV e. V.), Mühlweg 4, 35614 Asslar, www.dekzv.de

Wichtiger **Hinweis**

› Alle Ratschläge und Empfehlungen in diesem Buch wurden sorgfältig recherchiert und in der Praxis erprobt. Dennoch können nur Sie selbst entscheiden, ob und inwieweit Sie diese Vorschläge mit Ihrer Katze umsetzen können und möchten. Lassen Sie sich in allen Zweifelsfällen zuvor durch einen Fachtierarzt für Tierernährung und Diätetik beraten.

› Weder Autorin noch Verlag können für eventuelle Schäden, die aus den im Buch gegebenen praktischen Hinweisen resultieren, eine Haftung übernehmen.

› Deutsche Rassekatzen-Union e. V. (D.R.U.), Hauptstr. 21, 56814 Landkern, www.dru.de
› Österreichischer Verband für die Zucht und Haltung von Edelkatzen (ÖVEK), Liechtensteinstr. 126, A-1090 Wien, www.oevek.at
› Fédération Féline Helvétique (FFH), Alfred Wittich (Präsident), Büntacher 22, CH-5626 Hermetschwil, www.ffh.ch
› Deutscher Tierschutzbund e. V., In der Raste 10, 53129 Bonn, www.tierschutzbund.de
(Anschriften von Katzenclubs und -vereinen können Sie auch bei den vorgenannten Verbänden erfragen.)

Tierärzte

Fachtierärzte/-innen für Tierernährung und Diätetik finden Sie hier:
› Freie Universität Berlin, Institut für Tierernährung, www.vetmed.fu-berlin.de/einrichtungen/institute/we04
› Ludwig-Maximilians-Universität München, Veterinärwissenschaftliches Department, Lehrstuhl für Tierernährung und Diätetik, www.ernaehrung.vetmed.uni-muenchen.de

Fragen zur Haltung

beantworten Ihre Zoofachhändler und der Zentralverband Zoologischer Fachbetriebe Deutschlands e. V. (ZZF), Tel. 0611/44 75 53 32 (nur telefonische Auskunft möglich: Mo 12 – 16 Uhr, Do 8 – 12 Uhr), www.zzf.de

Krankenversicherung

› AGILA Haustierversicherung AG, Breite Str. 6-8, 30159 Hannover, www.agila.de

Registrierung von Katzen

› TASSO e. V., Haustierzentralregister,Otto-Vogler-Str. 15, 65843 Sulzbach/Ts., Tel. 0 61 90/93 73 00, www.tasso.net

Bücher, die weiterhelfen

› Leiendecker, N.: B.A.R.F. für Katzen. Cadmos Verlag, Schwarzenbek
› Linke-Grün, G. / Wegler, M.: Wohnungskatzen. Gräfe und Unzer Verlag, München
› Rüssel, K.: Katzen-Clickertraining. Gräfe und Unzer Verlag, München

Zeitschriften

› Pfotenhieb – Anspruchvolles für Katzenfreunde, www.pfotenhieb.de
› Our cats – Das Katzenmagazin. Minerva Verlag, Mönchengladbach
› Geliebte Katze. Ein Herz für Tiere, Media GmbH, München

Internet-Adressen

Informationen zur Katzenhaltung
› **www.weltderkatzen.de**
› **www.miau.de**
› **www.netz-katzen.de**
Informationen zu Giftpflanzen
› **www.botanikus.de**
› **www.giftpflanzen.ch**
Individuelle Ernährungsberatung
› **www.futtermedicus.de**

Die werden Sie auch lieben.

ISBN 978-3-8338-5215-2

ISBN 978-3-8338-5221-3

ISBN 978-3-8338-2875-1

ISBN 978-3-8338-5217-6

ISBN 978-3-8338-5220-6

ISBN 978-3-8338-5921-2

e Auch auch als eBook erhältlich.

Mehr von GU auf **www.gu.de** und
facebook.com/gu.verlag

G|U
Willkommen im Leben.

Die Autorin

Dr. Natalie Dillitzer ist Fachtierärztin für Tierernährung und Diätetik. In ihrer individuellen Beratung, mehreren Veröffentlichungen sowie auf Vorträgen gibt Sie ihr Wissen und ihre langjährige Erfahrung an Tierhalter und Tierärzte weiter. Infos unter: www.futtermedicus.de

Die Fotografin

Jana Weichelt ist Tierfotografin aus Leidenschaft. Sie arbeitet selbstständig als Bildautorin für verschiedene Verlage. Infos unter: www.kalenderfoto.de

Bildnachweis

Alle Fotos in diesem Buch stammen von Jana Weichelt mit Ausnahme von:
Animals Digital: 10-2; **Blickwinkel:** 11-2; **Michael Brauner:** 24, 36, 37 (2), 38, 39, 41, 47, 48, 58 (2), 59, U8-2; **F1-Online:** 13, 33-2; **Juniors Bildarchiv:** 6; **Oliver Giel:** U4-1, 2, 10-11, 10-1, 11-1, 11-3, U6-1, U7; **Privat:** Autorenfoto; **Tierfotoagentur:** 3. Die Zeichnung in diesem Buch (S. 21) stammt von **Matias Kovacic.**

Projektleitung: Maria Hellstern
Lektorat: Dr. Stefanie Gronau
Bildredaktion: Daniela Jelinek, Petra Ender (Cover)
Umschlaggestaltung und Layout: independent Medien-Design, Horst Moser, München
Herstellung: Martina Koralewska
Satz: Uhl + Massopust, Aalen
Reproduktion: Longo AG, Bozen
Druck & Bindung: Firmengruppe APPL, aprinta druck, Wemding
Syndication: www.seasons.agency

ISBN 978-3-8338-3465-3
6. Auflage 2020

www.facebook.com/gu.verlag

QUALITÄTS G|U GARANTIE

Liebe Leserin, lieber Leser,

haben wir Ihre Erwartungen erfüllt? Sind Sie mit diesem Buch zufrieden? Haben Sie weitere Fragen zu diesem Thema? Wir freuen uns auf Ihre Rückmeldung, auf Lob, Kritik und Anregungen, damit wir für Sie immer besser werden können.

GRÄFE UND UNZER Verlag
Leserservice
Postfach 86 03 13
81630 München
E-Mail:
leserservice@graefe-und-unzer.de

Telefon: 00800 / 72 37 33 33*
Telefax: 00800 / 50 12 05 44*
Mo–Do: 9.00 – 17.00 Uhr
Fr: 9.00 – 16.00 Uhr
(gebührenfrei in D, A, CH)*

Ihr GRÄFE UND UNZER Verlag
Der erste Ratgeberverlag – seit 1722.

Umwelthinweis

Dieses Buch ist auf PEFC-zertifiziertem Papier aus nachhaltiger Waldwirtschaft gedruckt.

GRÄFE UND UNZER

Ein Unternehmen der
GANSKE VERLAGSGRUPPE